U0122000

感知科学的魅力
——大国重器

杨瑞伟　主编

陈军　邓岩　王雪慧　副主编

航空工业出版社

北　京

内 容 提 要

战争是人类不可避免的话题，武器作为战争的工具一直是各个国家关注的焦点，是国之重器。本书带您认识、了解见证历史变迁的枪械，火炸药、导弹、反舰导弹等常规武器，也将为您揭开各种轰炸机、预警机、隐身战斗机的神秘面纱，讲述举世瞩目的航空母舰，新型智能弹药、电磁武器、军事机器人等新型武器。一个个历史故事，一张张精美的图片，让青少年及广大军迷爱好者了解武器、关注国防，同时也感知科学的魅力。

武器的研发、制造不是为了战争，而是为了保卫人类和平与文明。本书可以作为广大青少年和军事爱好者的军事科普读物，也可以作为国防教育的参考用书。

图书在版编目（CIP）数据

感知科学的魅力．大国重器／杨瑞伟主编．－－北京：
航空工业出版社，2017.5
ISBN 978-7-5165-1199-2

Ⅰ．①感… Ⅱ．①杨… Ⅲ．①武器—普及读物 Ⅳ.
① G322-53 ② E92-49

中国版本图书馆 CIP 数据核字（2017）第 069159 号

感知科学的魅力 —— 大国重器
Ganzhi Kexue de Meili —— Daguo Zhongqi

航空工业出版社出版发行
（北京市朝阳区北苑 2 号院 100012）
发行部电话：010-84936597 010-84936343
中国电影出版社印刷厂印刷　　　　　全国各地新华书店经售
2017 年 5 月第 1 版　　　　　　　　2017 年 5 月第 1 次印刷
开本：710×1000　1/16　　印张：9.5　　字数：180 千字
印数：1—3000　　　　　　　　　　定价：36.00 元

编 委 会

主　编：杨瑞伟

副主编：陈　军　邓　岩　王雪慧

编　委：任芮池　张力丹　于海洋　刘书翰　蔡　泽

　　　　解赛鹏　姚　发　姚　硕　李　立　曾　涛

　　　　占银玉　曹　可　孙则鸣　刘炳楠　刘　凯

　　　　左环宇　许祥才　张田育子　代　健　湛　月

　　　　程　立　丁柯夫　刘士川　王　军

— 前 言 —

　　武器作为人类进行战争的物质基础和工具，自从战争这种特殊的社会现象出现，就与人类结下了不解之缘。人类在不同时代所进行的战争，都有相对应的武器被应用其中。而武器作为人类进行战争的工具，每一步发展都会使战争发生某些新的变化，并赋予战争以新的内容和新的形态。随着科学技术的发展和进步，武器经历了由冷兵器到热兵器、由热兵器到机械兵器、由机械兵器到热核兵器以及现代高技术兵器的发展变化阶段，并促使人类战争从低级形态逐步向高级形态演变。可以说武器与战争进程息息相关，并很大程度上影响了一个时代的世界政治进程。

　　本书是介绍多种武器的科普读物，这些武器不仅曾多次对战争的进程和军事理论，作战样式及战术方法的发展发挥过重要作用，而且对帮助读者学习军事历史知识和研究现代军事问题，以及培养当代青年人的爱国情怀都有重要价值。

　　本书面向广大的军事爱好者，力争融理论性、知识性、趣味性、可读性于一体，并考虑到当前的阅读时尚，在编排上，以图带文、图文并茂，通过通俗易懂、生动有趣的语言，精彩丰富、新鲜前沿的图片，向读者全面展示不同时代武器的发展以及未来的战争和武器装备的趋势走向。当然，由于军事历史漫长，涉及的内容十分广泛，加上编者受水平和资料占有的局限，本书在结构和语言表达上难免存在不足之处，恳请广大读者指正。

编者
2017 年 4 月

第 ① 章 见证历史的变迁
——枪械

你知道吗？

早在1259年（开庆元年），我国古人就发明了世界上第一支枪——突火枪。《宋史·兵志》中记载："开庆元年又造突火枪，以巨竹为筒，内安子窠。如燃放，焰绝后子窠发出，如炮声，远闻百五十余步。"其基本形状为：前段是一根粗竹管；中段膨胀的部分是火药室，外壁上有一点火小孔；后段是手持的木棍。其发射时以木棍拄地，一手扶住铁管，一手点火，发出一声巨响，射出石块或者弹丸，未燃尽的火药气体喷出枪口达两三米。

图1-1 突火枪

1.1 峥嵘岁月中枪械的身影

纵观我国近代史，无疑是一部充满了屈辱的血泪史。这部血泪史没有使中华民族屈服，反而促使进步的国人不屈不挠地进行斗争。

1919年10月10日夜，从一支汉阳造步枪中射出的子弹打响了辛亥革命的第一枪。辛亥革命让沉睡的中国人从奴役中惊醒，推翻了统治中国260多年的清王朝，结束了中国2000多年的封建君主专制制度，建立起资产阶级共和国，推动了我国历史的前进。

抗日战争中，中国军民抗击日本侵略者的主要武器装备就是枪，然而当时枪械及弹药的装备数量严重不足，性能也较为落后。中国军民不畏强暴，凭着自力更生、缴获敌人武器、争取外援，英勇抗击敌人，最终取得胜利。

新中国成立时，人民军队的武器装备是极其陈旧落后的，基本上是缴获而来，还有很多是战争年代土法上马制造的。当时解放军拥有各种枪械200余万支（挺），还有数量不详的手榴弹及掷弹筒，品种繁杂，破旧不堪；枪械型号更是多达几十种，产自20多个国家，真可谓是"万国牌"。

新中国的轻武器就是在这样的条件下开始起步的。当时国内几乎没有像样的兵器工业，帝国主义国家对新中国实行的封锁禁运政策又使中国不可能从西方国家购买急需的武器装备。枪弹也十分匮乏，有时一支枪只能配发几发枪弹。在抗美援朝初期，中央军委曾通令全军搜集、翻修枪弹，全力保证志愿军使用，但也只供应了1.2亿余发，其余仍然依靠战场上缴获予以补充。为了摆脱困境，中央军委决定：一是从苏联进口部分枪械弹药；二是仿制苏式枪械。经过60多年的发展，无论经济实力、军事实力、综合国力，中国都已经名列世界前茅。中国枪械的发展也已经威震世界。不难发现，我国枪械技术的发展代表着我国国防力量的进步。今天，让我们翻开我国枪械发展史册，透过枪械回顾峥嵘的岁月。

1.2 中华大地上的主要枪械

1.2.1 汉阳造

汉阳造步枪从1896年开始生产，期间经过一些小的改造，直到1944年抗战末期停产，生产时间长达半个世纪，它也是清末和抗战结束之前，中国生产数量最多的武器，总数超过100万支。汉阳造步枪（见图1-2）是我国兵器工业史上第一支大规模自产的新式步枪，而抗战后期才出现的较先进的中正式步枪，一共才生产了60多万支！

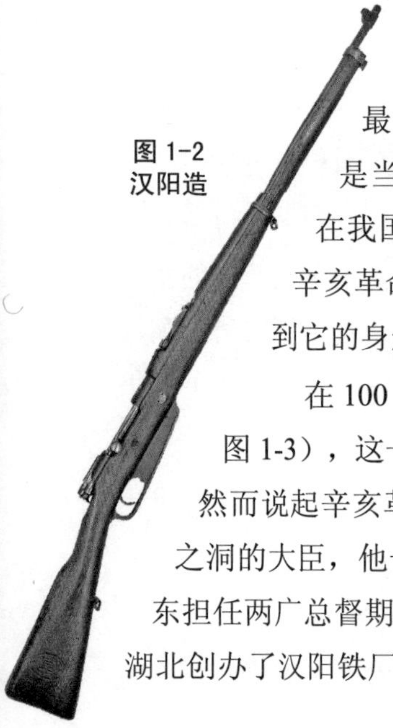

图1-2
汉阳造

汉阳兵工厂引进德国的先进设备和技术，制造步枪和弹药，最出名的就是汉阳造。汉阳造步枪使用的弹药是无烟药，这一点是当时的先进步枪的特点。汉阳造步枪是一支手动步枪，汉阳造在我国有很长的历史，汉阳造步枪装备过清军、北洋军阀，参加过辛亥革命、抗日战争、解放战争，甚至在抗美援朝的战场上，也能看到它的身影。

在100多年前，武昌城内汉阳造步枪射出辛亥革命的第一颗子弹（见图1-3），这一声枪响，标志着在中国延续了几千年的封建君主制度的结束。然而说起辛亥革命，不得不提一位晚清重臣。追溯到清朝末年，有一位叫张之洞的大臣，他一辈子戎马，经历无数战斗，对于新式武器特别看重。早在广东担任两广总督期间，他就建立了著名的广东机械厂。后来任职湖广总督时，在湖北创办了汉阳铁厂、湖北枪炮厂（后改名汉阳兵工厂）。汉阳铁厂是晚清规模最大、

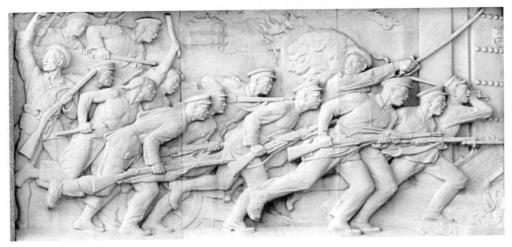

图 1-3 人民英雄纪念碑浮雕——武昌起义
（武昌起义浮雕中的步枪就是汉阳造步枪）

图 1-4 张之洞

设备最先进的钢铁厂，是近代中国第一个大规模的资本主义机器生产的钢铁工业，也是亚洲首创的最大的钢铁厂。

张之洞力图外御强敌，内兴改革，无意推翻清王朝，但他创办的实业为辛亥革命提供了物质基础，在他去世后的第二年，他编练的湖北新军在武昌城打响了辛亥革命的第一枪。1912 年孙中山先生在武汉时说过"以南皮（张之洞即今河北南皮县人，时人称其为张南皮）造成楚材，颠覆满祚，可谓不言革命之大革命家"。

1.2.2 盒子炮

盒子炮，又称驳壳枪，最早由德国毛瑟兵工厂在 1896 年生产制造，是一把自动装填手枪。20 世纪早期中国国内军阀混战，列强对华实行武器禁运，然而盒子炮不在禁运名单中，大量的盒子炮流入中国。由于该手枪在中国市场的走俏，多家外国武器公司对该手枪改进生产以强占中国市场，改进后的盒子炮有了全自动射击功能，可以连发射击，弹匣容量和口径也不一，同时国内许多兵工厂也仿制生产盒子炮。

盒子炮在我国的历史也非常长，从北洋军阀混战到抗日战争，也都能看见这把手枪的身影。1927 年南昌起义中，朱德使用的就是一把驳壳枪（见图 1-5），枪身上面刻下"南昌暴动纪念""朱

图 1-5 朱德使用的盒子炮

德自用"10 个大字；抗日英雄杨靖宇将军就是使用两把驳壳枪与敌人进行最后的战斗（见图1-6）。一些抗战题材的老电影中，游击队长手中使用的是一把跟其他战士不一样的枪，就是盒子炮，其他战士手里拿的却是汉阳造步枪。电影《让子弹飞》里也有盒子炮的身影，话说老三和老七一阵鸟语战况交流后，只见老七深憋一口气，气沉丹田，两臂横跨胸前大石，只听"砰砰"

图 1-6 抗日英雄杨靖宇将军

四声，老三不慌不忙立起身来，"砰砰"7 声，11 个麻匪全部搞定。

1.2.3 缴获侵略者的枪

从南昌起义一直到新中国的成立，抗日战争中出现的枪支种类是最多的。我们的革命先辈在枪械数量不足的情况下，依靠缴获敌人手中的枪武装自己，将子弹打入一个个敌人的体内，保卫领土。抗日战争中日本侵略者主要使用的四种枪："三八大盖""王八盒子""歪把子""拐把子"。下面的图 1-7 到图 1-10 就是这些枪，这些枪有什么来历呢？

首先，第一支就是俗称"三八大盖" 的步枪（日本明治天皇 38 年生产的，称为三八式步枪，由于枪机上有一个防尘盖所以中国军民称其为"三八大盖"），战争期间中国军民缴获不少该步枪，抗日战争结束时侵华日军投降，相当数量的三八式步枪装备了人民军队。"三八大盖" 是第二次世界大战（二战）中日本法西斯陆、海军最主要和最基本的手动步枪，也是朝鲜战争初期中国志愿军重要步兵武器之一。一直使用到二战结束（日本战败），用了整整 40 年。

图 1-7 "三八大盖"

图 1-8 是"王八盒子"（当时的人们出于对日本侵略者的憎恶而且这把枪装进枪套远远地看像王八盖，所以叫王八盒子），此枪的正式称呼是十四年式手枪，是一把自动手枪。在现在的中国人当中，尤其是经常爱看抗日题材的人们当中，说起

南部"十四年式8毫米半自动手枪"这个名词来，似乎知道的人很少，不过倘若提及日军使用的"王八盒子"来，几乎是无人不知！图1-9是被称为"歪把子"的大正十一式轻机枪，是日本在第二次世界大战中广泛使用的一种6.5毫米口径轻机枪，因于1922年（即日本

图1-8 "王八盒子"

大正天皇11年）定型成为制式装备而得名，其次其枪托为了便于贴腮瞄准而向右弯曲，所以在中国俗称"歪把子"机枪。图1-10是"拐把子"，即日本九六式6.5毫米轻机枪，这挺轻机枪是日本于昭和11年，即1936年研发的一型轻机枪，因当年为日本神武纪元2596年，故将该型机枪年式确定为"九六式"。其提把、小握把和枪托造型显得格外别扭，再加之其是日本侵略者所用的武器，又为了与"歪把子"有所区别，因之冠名为"拐把子"。当然，在烽火连天的抗日战争中，中国抗日军民也曾经缴获大量的九六年式6.5毫米轻机枪，其数量并不在所缴获的"歪把子"数量之下，而且比"歪把子"用得更多更广。

图1-9 "歪把子"

图1-10 "拐把子"

无论"拐把子"还是"歪把子"都饱含了中国抗日军民对日本侵略者的仇恨、鄙视和嘲讽，也是中国人民打击日本侵略者的最好的武器。

1.2.4 95 式枪族

新中国成立之初，我军的武器大部分是缴获敌人得来的，并且之后的很长一段时间内，我国的枪械生产离不开苏联的帮助。由于没有自己的技术，受制于人，落后就要挨打。在 20 世纪 60 年代，世界范围内各个国家普遍研制装备小口径的步枪，此时中苏关系恶化，我国的枪械研究工作者投入到小口径步枪的自主研发上来。1995 年，经过 6 年时间的研制，新型枪族（枪族是指以一种枪为基础，将步枪、冲锋枪、轻机枪的主要部件统一，组成一族。同一枪族的枪，主要零部件可以通用，枪弹可以互换。）中的自动步枪和轻机枪设计定型，分别命名为 QBZ95 式 5.8 毫米自动步枪（简称 95 式自动步枪）和 QBB95 式 5.8 毫米班用机枪（简称 95 式班用机枪）。95 式枪族包括突击步枪、短突击步枪和轻机枪。95 式枪族在当时具有世界领先的优异性能，现已全面装备我军，使我国的枪械制造在全球享有极高的盛誉，同时也大大提高了我国的国防实力。1997 年 6 月，95 式枪族和驻港部队一起首次亮相。1999 年 10 月，在建国 50 周年的阅兵仪式上，接受检阅的轻武器中，最引人注目的就是官兵们手中的 95 式步枪。

图 1-11　95 式步枪

95 式枪族和一位与中国枪械设计打了一辈子交道的人分不开，他就是中国枪王——朵英贤。95 式枪族是他的骄傲，而他更是北京理工大学的骄傲。2010 年，95 式有了新的飞跃——改进型 95-1 式，95-1 式比原来的 95 式多了很多附件：榴弹发射器（在枪下挂了一个"小炮"）、激光指示器（就像激光笔，能指哪打哪）、战术强光灯（是一个可以照亮前方150 米远的手电筒，平常用的手电筒只能照亮 10 米

图 1-12　朵英贤院士

远），另外 95 式和 95-1 式在望远镜这个地方是一样的，但是 95-1 可以换成微光瞄准镜（微光瞄准镜是在微弱光下就可以瞄准目标的望远镜，微光微弱的程度到只要晚上有星星，借助星星发出的光就可以看清目标）。

图1-13 95-1式步枪

1.3 聊聊枪械分类与枪械技术发展的关系

枪械常见分类是：手枪，步枪，机枪，冲锋枪，特种枪支等，一般从外形即可判断出。下面的分类旨在揭示出枪械技术发展过程中几个重要的进步。

1.3.1 根据内膛结构

根据内膛结构可分为滑膛枪和线膛枪。

（1）滑膛枪。枪管内壁光滑，无凸凹来复线（即膛线）。如各种老式枪支、土造枪支、信号枪、猎枪等，此类枪支内壁无膛线，发出去的子弹就不会旋转，在飞行时不易保持方向，而且会在空中翻跟头。此类枪支射程近，射击精确度差，命中率低。

（2）线膛枪。枪管内壁刻有螺旋形凹凸沟槽的枪。这种螺旋形凹凸沟槽称为膛线。膛线使弹头紧贴枪管内壁旋转前进，从而使弹头飞行稳定、增加射程、提高射击精度；并且使弹头外壳与枪管内壁的摩擦力减小，降低因摩擦所造成的枪管升温和磨损而延长枪支的寿命。膛线枪管内壁凸起的膛线称为阳膛线，凹入的膛线称为阴膛线。膛线枪管是现代军用枪支主要结构特点。

图1-14 膛线不光在枪管上应用，在炮管上也可以看到

线膛枪是在滑膛枪的基础上改进而成的，大约出现在15世纪的中期，但由于当时膛线加工技术难度大，直到18世纪线膛枪才被大量使用。早期的线膛枪射击距离在200米左右，而滑膛枪大多不足百米。

1.3.2 根据口径大小

根据口径大小大致分为大口径枪支、中口径枪支、小口径枪支、微口径枪支。口径是枪支的一个重要结构参数，它是指枪管的内径。由于各种枪支口径的不同，习惯上常根据口径的大小对枪支进行如下分类。

表 1-1 枪械口径分类及特点

分类	特点
大口径枪支	口径在 11 毫米至 14.5 毫米之间的枪支。枪管的口径超过了 12 毫米（0.5 英寸）时，通常就是高射机枪
中口径枪支	口径在 7 毫米至 11 毫米之间的枪支
小口径枪支	口径在 5 毫米至 6.5 毫米之间的枪支
微口径枪支	口径在 5 毫米以下的枪支

猎枪的分类就常常以口径作为依据。猎枪在标示枪管口径时以号或盖其作为计量单位。号数越大，则枪管口径越小。号数是指 1 磅纯铅（453.6 克）所制成的与猎枪口径等同直径铅球的个数。如 10 号猎枪，是指用 1 磅纯铅制成 10 个直径相等的铅球，铅球的直径即为该猎枪枪管的口径。常见的猎枪号数有 10、12、16、20、28。

枪械最早出现时采用的是黑火药，黑火药的威力小，为了保证弹头射出后的杀伤力，子弹中的黑火药药量就不能少，相应子弹尺寸不能小；加之黑火药燃烧后产生大量的固体颗粒，枪管口径太小就容易导致阻塞。因此，早期使用的黑火药的枪械口径都比较大。

而在 19 世纪中期一种先进的火药——无烟火药出现后，枪械的弹药发生了巨大的变化。与黑火药相比，这种新的火药燃烧速度更快，烧燃后无残渣，威力大。采用无烟火药的枪弹尺寸就可以较小，枪支口径也可以变得小。枪支口径小对于士兵来说是非常有意义的，例如使用小口径步枪的士兵可以携带更多数量的弹药。

不同的口径的枪支使用不同尺寸的枪弹，图 1-15 展示了各种尺寸的枪弹。其中最小的弹头直径不足 4.4 毫米（左 2），最大的为 25 毫米（右 4）。

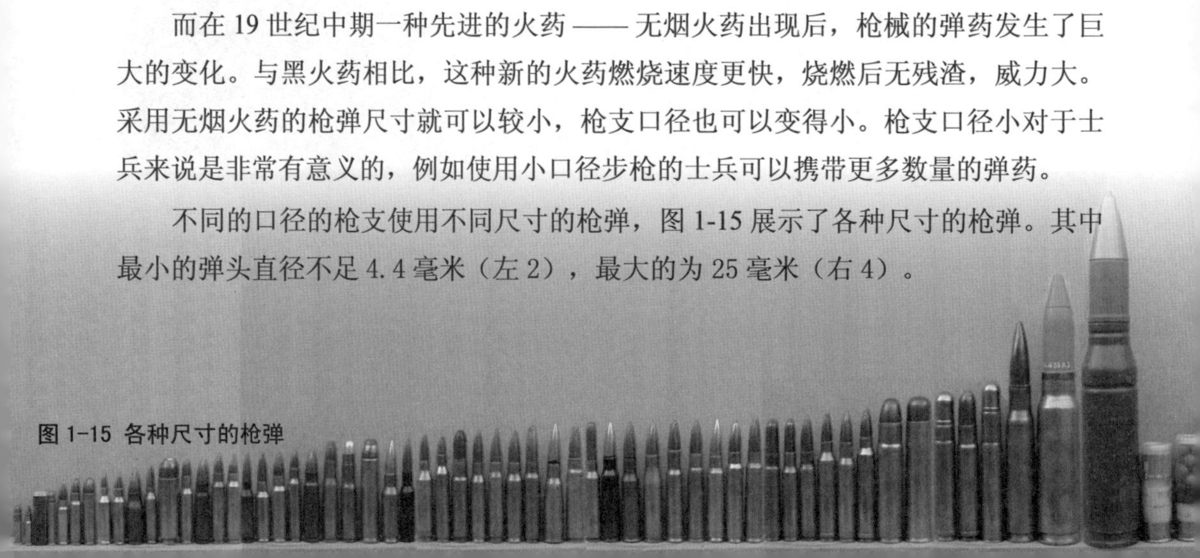

图 1-15 各种尺寸的枪弹

1.3.3 根据射击原理

根据射击原理可分为非自动枪支、自动枪支、转轮枪支。

（1）非自动枪支。这是指各射击循环动作均需由射手操作完成的枪支。最初出现的枪支均为非自动枪支，每击发一次都要借助于手推拉枪机，逐发装填、退壳。如 14 世纪的火铳，16 世纪广泛使用的火绳枪，17 世纪燧发枪支等，以及单发的老式手枪、单发步枪、运动步枪、猎枪等。

图 1-16 非自动步枪射击后要手动将枪机打开，完成退壳再装填

（2）自动枪支。自动枪支是以火药气体为能源，自动完成全部或部分射击循环动作的枪支。按自动化程度不同又分为全自动枪支和半自动枪支两类。

首先是全自动枪支，这是在一次发射后，能自动完成下一发枪弹的重新装填与击发动作的武器。所以射手在完成第一发枪弹的装填，使枪支成待发状态后，手扣扳机即可发射，如仍扣住扳机，枪支可连续射击直到将弹匣中的枪弹全部射完为止。属于这类枪支的有机枪、冲锋枪、全自动步枪和全自动手枪。如国产 56 式 7.62 毫米冲锋枪、82 式 9 毫米轻型冲锋枪。80 式 7.62 毫米全自动手枪等。全自动枪支上多数装有单连发变换机钮（枪支上有文字标示：如 0、1、2。0 为保险，1 为单发，2 为连发；国外枪支上用字母

图 1-17 马克沁机枪射击展示
（该机枪是世界上最早的能够自动射击的枪械，图为机枪发明者马克沁向当时的清朝官员李鸿章做射击表演，该机枪在不到半分钟时间内就将一棵树拦腰打断）

"N"表示单发，"S"或"R"表示连发），将全自动枪支的机钮转换到单发部位时，就相当于半自动枪支的功能。

接下来介绍半自动枪支。半自动枪支击发后可自动排壳和重新装弹，但不能自动击发；扣动扳机一次，击发一次，扣住扳机不放则不能连续射击。如国产54式手枪、52式警用手枪、59式手枪、64式手枪、77式手枪、79式狙击步枪等。各国装备的手枪大多数是半自动。主要由于全自动手枪虽然火力高，但枪口上跳重，导致连发精确度差，命中率低，故没有被广泛采用。

枪支工作原理由非自动（手动）到自动是枪械技术一大突破，例如，非自动步枪每分钟子弹发射数量（即射速）不过十几发，而全自动步枪、冲锋枪和机枪的射速普遍在数百发甚至上千发。射速更快也就意味着火力更猛。

（3）转轮枪支。这是利用武器各部件间的机械传动，由外力带动枪支有关机

构工作来实现射击过程部分自动化的枪支。这种枪支在其中间部位有个"转轮"，内有若干个孔装填枪弹，以代替自动枪支的弹匣，内装数发子弹。扣动扳机时，击铁连动后仰，带动转轮向左或向右转动，将转轮内的子弹依次对准枪管后端的轴心，以备射击。因此又称为自动待发式武器。但转轮枪支只能单发射击且排壳和装弹时必须把转轮转出。

图1-18 转轮手枪（转轮向右侧摆出）

1.4 枪械里的科学

如何使用一把手枪？一般说来，装上弹匣，拉动套筒，才可以扣动扳机。这个时候子弹就发射出去了。那么子弹是怎么运动的？答案显然是顺着枪管往枪口走，我们先来了解一下子弹。

看这个子弹的剖面图（见图1-19），子弹由图示几部分组成，弹壳里面装着火药。扣动扳机时会带动击针运动，击针撞击子弹尾部，底火内的药剂受撞击后发火从而使弹壳内的火药燃烧产生气体，气体把弹头向前推动。那么子弹发射出去的时候，枪又是怎么运动的？子弹往前运动，枪却是向后运动。这是为什么呢？其实这个过程，就像我们小时候玩的长烟花，握在手里，烟花往上冲的时候，手会感觉到往下推，其实手枪也是这样。这就是动量守恒定律的应用。枪有向后运动的速度，根本原因是因为它受到了向后的力，于是称这个力

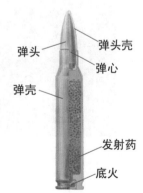

弹头
弹头壳
弹心
弹壳
发射药
底火

图1-19 子弹剖面图

为后坐力。后坐力首先作用在枪管上，枪管带动套筒运动，枪管在向后运动的过程中被别的部件限制住，不能继续往后运动，而套筒具有惯性继续往后运动。套筒在往后运动的过程中就压缩了枪管下的弹簧，然后又会被弹回来。利用这个力，枪械的研究专家实现了手枪等枪械的自动功能。

以图 1-20 来简单说明枪械的自动是什么。子弹沿枪管往前飞的时候，弹壳会推动枪机一并向后运动，枪机后面连着复进簧，它会被枪机压缩。在枪机运动了一段距离后，弹壳就会从抛壳口中抛出，弹匣则会将子弹送入弹膛中。接着复进簧恢复形状，推动枪机复位，枪机又将子弹装压进枪管，这就是一个自动装弹的过程。就像同学们在玩蹦蹦床一样，用力往下一跳，接着又会被弹回来。再次扣动扳机，将能射击了。

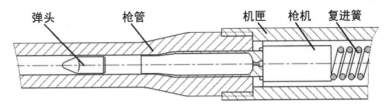

图 1-20 自由枪机式自动原理

1.5 了解枪械的特点

不同种类的枪械有不同的特点和性能，下面主要介绍手枪和步枪的特点。

1.5.1 手枪的特点

与其他枪械比，手枪的主要特点如下。

（1）质量小，体积小，空枪的总质量：军用手枪一般在 1 千克左右，警用手枪在 800 克左右，便于随身携带。

（2）枪管较短，口径多为 7.62 ～ 11.43 毫米，也有采用小口径的，但大多采用 9 毫米口径，适合于杀伤近距离内的有生目标。

（3）多采用弹匣供弹，自动手枪弹匣容量大，多为 6 ～ 12 发，有的可达 20 发；左轮手枪则容弹量小，一般为 5 ～ 6 发。

（4）多采用半自动（单发）射击，但也有少数手枪（如冲锋手枪）采用全自动（连发）射击方式。前者战斗射速为 30 ～ 40 发 / 分，后者战斗射速高达 120 发 / 分左右。

（5）结构简单，操作方便，易于大批量生产，成本低。手枪的不足之处是有效射程近，一般为 50 米左右，冲锋手枪的有效射程远些，但也不超过 150 米。由于冲锋手枪质量较大，连发精度差，火力不及冲锋枪，因此，尚未被广泛采用。

1.5.2 步枪的特点

（1）采用多种自动方式，包括枪机后坐式（自由枪机式和半自由枪机式）、管退式（枪管短后坐式和枪管长后坐式）、导气式（活塞长行程、活塞短行程和导气管式），但多数现代步枪的自动方式为导气式。

（2）有多种发射方式，包括单发、连发和3发点射方式等；一般配有枪口制退器、消焰器、防跳器，有的可安装榴弹发射器，发射枪榴弹。

（3）半自动步枪一般采用不可更换的弹仓，容弹量5～10发；自动步枪则采用可更换的弹匣，容弹量10～30发。

（4）全枪长度较短，一般在1000毫米左右，质量小，空枪质量一般为3～4千克，便于携带和操作使用。

（5）初速大，一般为700～1000米／秒；战斗射速高，半自动步枪为35～40发／分，自动步枪则为80～100发／分，能够形成密集的火力。

（6）寿命长，半自动步枪一般至少为6000发，自动步枪不低于10000～15000发。

1.6 展望未来

未来的枪将会有什么发展呢？现在枪的威力已经很强了，但是在瞄准上还需要用自己眼睛瞄准，传统的机械射击瞄准要使眼睛（视线）、枪上的准星、照门在同一直线上，这样才能命中目标，然而这一过程耗时长，并且当目标移动时射手不易瞄准。如果使用一个先进的瞄准镜，能够更快更准地瞄准目标，就能极大地提高射手的射击精度。许多研究人员在这一方面开展研究并取得成果，目前较为先进的瞄准设备有：红点瞄准镜和全息瞄准镜。（两者的工作原理不同，后者要比前者更加先进。红点瞄准镜使用了光的折射原理和反射原理，使用红点瞄准镜时，只需当显示器中看到的红点与目标重叠即可开枪射击，这样就能更快更准确地瞄准目标。而全息瞄准镜则还利用了光的衍射原理，能够实现比红点瞄准更加精确和快速。）

除了研制新装置提高瞄准精度，枪械中也开始融入"智能"，例如，国外的研究人员就研制出制导子弹，这种子弹能够修正飞行的弹道，减小命中目标的误差；有的手枪装有指纹识别装置，只有枪械的主人才可以扣动扳机。

从最早的突火枪出现至今，枪械已经有750多年的历史，这一历史过程中枪械技术随着时代进步而不断更新、完善，可以肯定，在未来的发展中枪械会一如既往地融入新材料、新工艺、新设计。

第 2 章 改变世界的力量
—— 火炸药

你知道吗？

中国四大发明之一的黑火药是最早的火炸药，促使武器发展由冷兵器时代转入热兵器时代。现代火炸药是从19世纪后半期出现的，已发展成为现代武器、工业和交通建设、太空运载工具所必须依靠的一种能源。就现代武器而言，火炸药几乎在所有的战略、战术武器系统中都不可或缺，其性能微小的改进提升都会深刻影响武器系统的发展，并有效提升传统兵器到尖端武器的战斗效能，因此，火炸药技术是国防科技工业领域的一项关键技术，相关技术研发动向备受各国关注。

2.1 火炸药这一家族

火炸药是当其受到适当的激发冲量后，能够产生快速的化学反应，并放出足够的热量和大量的气体产物，从而形成一定的机械破坏效应和抛掷效应的一类物质（见图 2-1）。为帮助读者更好认识火炸药，按照时间先后的顺序对火炸药家族中各位典型成员进行介绍。

图 2-1 火炸药爆炸瞬间

2.1.1 黑火药

黑火药（又称火药，见图 2-2）为中国古代四大发明之一，它开创了高能化学的的先河。中国是最早发明火药的国家，黑火药在晚唐（9 世纪末）时候正式出现。

图 2-2 黑火药

火药是由古代炼丹家发明的，从战国至汉初，帝王贵族们沉醉于神仙长生不老的幻想，驱使一些方士道士炼仙丹（炼丹就是将取材于矿物或动植物的原料放在丹炉中高温烧炼），在炼制过程中逐渐发明了火药的配方（见图 2-3）。

图 2-3 古代炼丹

黑火药是硝石（主要成分硝酸钾，KNO_3）、硫黄（主要成分硫，S）、木炭（主要成分碳,C）及其他可燃物所构成的混合物，能着火或爆炸而不依赖外界的氧。黑火药点燃后，硝酸钾分解放出的氧气，使木炭和硫黄剧烈燃烧，瞬间产生大量的热和氮气、二氧化碳等气体。由于体积急剧膨胀，压力猛烈增大，于是发生了爆炸。据测，大约每 4 克黑火药着火燃烧时，可以产生 280 升气体，体积可膨胀近万倍。在有限的空间里，气体受热迅速膨胀引起爆炸。在爆炸时，固体生成物的微粒分散在气体里，所以产生大量的烟。由于爆炸时有固体产生，往往有很多浓烟冒出，因此得名黑火药。

北宋就已经建立火药作坊把黑火药成规模地应用于军事领域，到 14 世纪，黑火药实现了工业化生产。1548 年明朝戚继光所著《纪效新书》中对鸟铳所用火药配方和生产工艺有详细描述，鸟铳火药配方已与现代标准军用黑火药基本相同。

恩格斯高度评价了中国在黑火药发明中的首创作用："现在已经毫无疑义地证实了，火药是从中国经过印度传给阿拉伯人，又由阿拉伯人和火药武器一道经过西班牙传入欧洲。"然而，黑火药点燃后会产生大量黑烟，例如使用黑火药的燧发步枪发射时火药燃烧生成大量浓烟，这显然影响射手的射击瞄准并容易使射手暴露，除此之外，黑火药威力并不足够大，在使用中还存在其他的一些性能缺点，人们探求新式火炸药的努力从未停止。

图 2-4 燧发步枪射击

2.1.2 三硝基苯酚

三硝基苯酚，俗名苦味酸，是炸药的一种，发明于公元 1771 年，在发明之后近一个世纪时间里，一直被用作黄色染料。后因为一次爆炸事故，其爆炸性质才被人们发现，成为世界上最早的合成炸药。基于它用作黄色染料的历史和极强的染黄色能力，又被称为黄色炸药。日本在二战期间使用的炸药就是苦味酸的衍生品。由于苦味酸容易与弹体金属反应，产生极易爆炸（感度很高）的苦味酸盐，所以时常发生弹药的意外爆炸。

图 2-5 苦味酸及结构式

甲午海战中清军炮弹内使用黑火药，而日军则使用苦味酸，使用黑火药充当炸药主要通过爆炸时产生的冲击波和飞散的炮弹破片来杀伤人员，而苦味酸的炮弹爆炸后还能产生大火，且温度很高，苦味酸在水面上也能燃烧一

图 2-6 甲午海战中邓世昌指挥中弹起火的"致远"舰撞向日军旗舰

段时间，这就解释了一些文献记载中中国军舰中弹即起火，且火灾难扑灭。

2.1.3 雷汞

图 2-7 雷汞

雷汞，又称雷酸汞，是较为敏感又猛烈的爆药，受轻微碰撞、摩擦或与燃烧体、加热体互相接触，即发生爆炸，故用于起爆用药。1799 年，E.C.霍华德制造出雷酸汞。1814 年，雷酸汞开始被用于制造火帽。雷酸汞成为最早被人们发现的有毒的起爆药，制备过程和爆炸时放出的气体都有毒性，故雷汞目前已被更稳定的起爆药所代替。由于所产生的物质会锈蚀金属，所以雷酸汞制造的底火被称为锈蚀性底火，射击后不及时保养会加重枪械锈蚀。

图 2-8 铜火帽

在雷汞出现之前，枪械的击发方式普遍采用燧石打火引燃火药从而发射弹丸，发火失败概率高；而在英国人制成实用的雷汞铜火帽后（将雷汞装入小铜盂内即制成铜火帽），枪械发火成功概率大大增加，枪械发火方式出现了新一次的变革，几乎所有的燧发枪都改用击发铜火帽发火的方式。

2.1.4 无烟火药

1845 年德国化学家 C.F. 舍恩拜在一次实验时，不小心把盛硫酸和硝酸的试剂瓶碰倒了，他赶紧找到一块棉质抹布抹桌子。他把抹布靠近火炉烘烤，意外发生了，抹布突然着了起来，而且烧得干净，几乎没有烟和灰渣留下。经过研究，C.F. 舍恩拜发明了硝化纤维。因硝化纤维含氮量高低和加工工艺造成成品的燃烧速率高低所致，高者为炸药，低者为火药（发射药）。这是火炸药工业得以展的一个突破点。接踵而至的是一系列无烟火药和其他新炸药的产生，其中法国化学家、工程师 P. 维埃利基于硝化纤维制成的无烟火药被用于制成枪弹的发射药，引起了枪械技术的巨大变革。

图 2-9 硝化纤维

图 2-10 为法国 M1886 勒贝尔步枪，这支步枪是世界上第一支使用无烟火药枪弹的步枪，其性能较同时期的采用黑火药步枪优越，如子弹速度更大、射击精度较高，于是欧洲各国纷纷开始研制或采购发射无烟火药枪弹的枪械。

图 2-10 法国 M1886 勒贝尔步枪

2.1.5 硝酸甘油炸药

硝酸甘油也叫硝化甘油，常有人误认为"硝酸甘油"是诺贝尔发明的，事实上诺贝尔发明的是用硝酸甘油发展出高稳定性、防误爆的硝酸甘油炸药。

硝酸甘油是意大利化学家 A. 索布雷罗发明的，1847 年他在报告研究成果时提到，用硝酸和硫酸处理甘油，得到一种黄色的油状透明液体，"这种液体可因震动而爆炸，能做何用途，只有将来的实验能告诉我们。"

硝酸甘油比黑火药的威力巨大得多，但是硝酸甘油十分不安全，运输、使用中的轻微震动就能使硝化甘油发生爆炸，为实现硝化甘油的安全应用，1859年后，诺贝尔父子对硝酸甘油进行了大量研究工作，用"温热法"降服了硝化甘油，使安全生产大量的硝

图 2-11 硝酸甘油

酸甘油成为可能，并于1862年建厂生产。但炸药投产不久，工厂发生爆炸，父亲受了重伤，弟弟被炸死。政府禁止重建这座工厂。诺贝尔为寻求减少搬动硝酸甘油时发生危险的方法，只好在湖面上一艘驳船上进行实验。经过不懈的研究和实验，1867年，诺贝尔提出利用干燥的硅藻土吸附硝酸甘油的方法，这种方法制成的炸药（也就是硅藻土炸药）可安全运输，但是威力却不及纯的硝酸甘油，并且在受压受

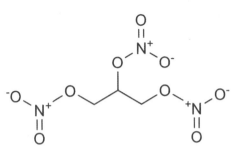

图 2-12 硝酸甘油
结构式

潮的情况下，被吸附的硝酸甘油仍会渗出。为了改良硅藻土炸药，诺贝尔着手研制一种兼有硝酸甘油的爆炸威力，又具备较高安全性能的新品种，并最终成功。

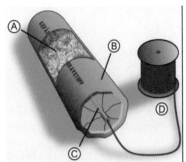

图 2-13 诺贝尔研制出的实用的硝酸甘油炸药
及引爆方法
A—炸药；B—外壳；C—雷管；D—导火索

硝酸甘油除了具有破坏作用，还有"救命"功能。硝酸甘油制剂是心脏病患者的救命药，当心脏病发作时，及时服用硝酸甘油制剂能够减轻发病程度。但是过量服用会导致头疼、昏迷、晕眩乃至休克致死症状。

图 2-14 TNT

2.1.6 梯恩梯（TNT）

1863 年德国化学家 J. 维尔布兰德发明了梯恩梯 (TNT)。梯恩梯 (TNT)，全称：三硝基甲苯。三硝基甲苯基本可以视作苦味酸的堂兄弟，不过，作为猛炸药的高纯度三硝基甲苯略比苦味酸优越。熔点 82 摄氏度，感度高（感度越高就越安全越不容易爆炸）需要起爆药引发，而本身一般作为扩爆药和工程爆炸药。很少直接装填弹药，通常情况是与硝酸铵混合使用，用于航弹、高爆炮弹装药。

TNT 在正常状态下，是黄色的晶体。由于熔点低，TNT 可以方便地制成各种形状。矿用版的甚至用普通蒸锅熔化成液体；工兵惯用的 200 克 TNT 药块甚至被战士们称为"肥皂"，是现代应用最广泛的炸药之一。在描述爆炸的威力时，经常会听到"TNT 当量"这个词（即依据爆炸时的一些测量参数，折算出产生相同爆炸威力时的 TNT 的重量），这就可见 TNT 的使用之广泛。

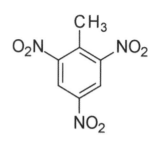

图 2-15 TNT 结构式

2.1.7 黑索金

图 2-16 黑索金

1899 年德国人在发表的专利中首次叙述制造黑索金（RDX），当时并没有提出作为炸药而是推荐作为医用药物，后来因为威力巨大（比硝化甘油、TNT 的威力都要大），在稍后发表的专利中提出了用于制造无烟发射药。起爆容易，是综合性极佳的炸药。现今主要使用的猛炸药之一。黑索金混合其他猛炸药被用于大威力武器的装药中。

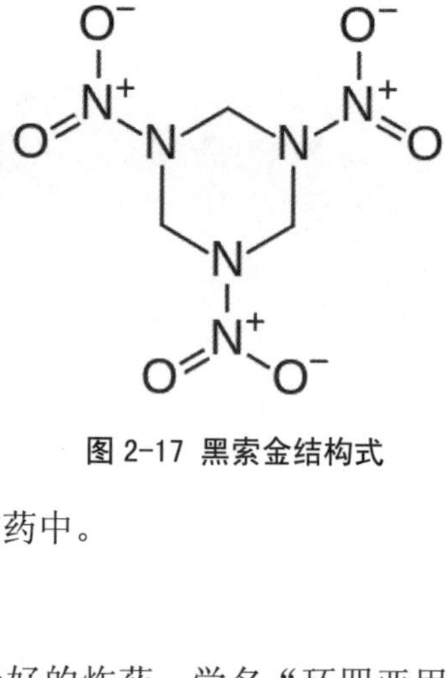

图 2-17 黑索金结构式

2.1.8 奥克托金

奥克托金 (HMX) 是现今军事上使用的综合性能最好的炸药。学名"环四亚甲基四硝胺"。HMX 长期存在于乙酸酐法制得的黑索金中，但是直到 1941 年才被发现并分离出来。HMX 的感度比 TNT 略高，容易起爆，安定性较好，但成本较高。通常用于高威力的导弹战斗部，也用作核武器的起爆装药和固体火箭推进剂的组分。

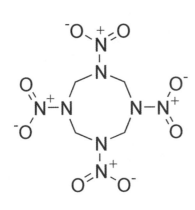

图 2-18 奥克托金结构式

图 2-19 奥克托金

2.1.9 塑胶炸药（C4）

现在 C4 已经成为了塑胶炸药的代名词，实际上塑胶炸药是一个很泛的种类，仅"C"系列就 6 种。C4 只是因为制造容易，且使用广泛而被认为是塑胶炸药中的王者，实际上比 C4 威力强的有很多。例如中国的"塑"系列。C4 炸药的稳定性非常高，只能结合引爆剂以电雷管引爆。即使受到枪击也不会被引爆，被放到火中也只会慢慢地燃烧。越南战争时，士兵在巡逻期间曾通过点燃 C4 炸药来给自己取暖。

图 2-20 向 C4 炸药中插入雷管以起爆

2.1.10 CL-20

CL-20 炸药，学名六硝基六氮杂异伍兹烷，由北京理工大学科研团队研制成功，是目前已知能够实际应用的能量最高、威力最强大的非核单质炸药，被称为第四代炸药，也被誉为"突破性含能材料"，是一种划时代的全新高爆军用炸药，在世界火炸药学界闻名遐迩。该型炸药的诞生，也为包括导弹、核装置等一批武器装备的效能提升、小型化带来了新的发展契机。2016年初，2015 年度国防科技进步特等奖的荣誉授予北京理工大学，继 2001 年凭借重大原始理论创新荣获国防科工委科学技术一等奖的"CL-20"，时隔 14 年再次出现在公众的视野中。标志着北京理工大学从理论创新到工程实践，再次站在世界炸药的"最高峰"。

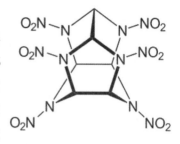

图 2-21 CL-20 结构式

其实火炸药家族十分庞大，仅火药就有上百种。而且这些物质都非常危险。人们通常将火炸药按照特性划代。

第一代炸药是由诺贝尔研制的实用的硝酸甘油炸药，并获得迅速应用，改变了整个世界的面貌。从第二次世界大战开始，战争全面进入热兵器时代。第二代炸药梯恩梯（TNT）就在二战中发挥了极大作用。TNT 是通过人工有机合成的烈性炸药，其爆炸能力足够强，性质稳定，可用于机关火炮的密集火力射击，使得战争残酷性大为提高，直到现在仍大量使用。二战结束之后，产生了第三代炸药 —— 黑索金，爆轰速度达到 8500~8600 米 / 秒，用于多管火箭重炮的规模压制打击，能大规模提高武器的威力和射程。其次是奥克托金，爆轰速度达到 9000 米 / 秒，撞击感度比 TNT 略高，容易起爆，安定性较好，综合性能高，在海湾战争中，大量用于远程火箭导弹的非接触不对称作战。

20 世纪 70 年代末，由于始终未能有新的炸药能够撼动奥克托金作为世界高能炸药"王牌"的领先地位，国际国内对新型高能炸药的探索鲜有成就，高能炸药的合成也陷入低谷。但是并不是人类在这一邻域就止步不前了，总有一些研究人员孜孜不倦地开展着研究，第四代炸药的问世撬动了奥克托金的"王牌"地位。

2.2 火炸药是个多面手

火炸药这个家族是十分庞大的，并且不断有新的成员诞生，有人不禁要问：那么多的火炸药该怎么区分呢？习惯上，人们按照火炸药的用途，将其分为起爆药、猛炸药、火药、烟火药四类。

表 2-1 火炸药分类表

分类	主要用途	特点	常用举例
起爆药	作为爆炸过程的引爆剂，用来激发猛炸药进行爆轰	它在不同的外界热作用或机械作用下就能进行爆轰，并且爆轰转化的过程非常短暂，而且以很小的药量就能达到稳定爆轰	雷酸重金属盐，主要代表有雷汞；叠氮化物，主要代表有叠氮化铅、叠氮化钠；斯蒂夫酸重金属盐，主要代表有斯蒂芬酸铅；乙炔化物，主要代表乙炔银
猛炸药	猛炸药是实际使用中通常所说的炸药，作为各种弹药和爆破器材的主要装药	具有相当大的稳定性，在相当大的外力作用下，通常是在起爆药的激发之下，才能引起爆轰。并且这类炸药的爆轰转化过程，即从激起爆炸至达到稳定爆轰时间比起爆药长得多	前面介绍的 TNT、黑索金、奥托克等均属于此类
火药	作为发射药，用来发射枪弹和炮弹，以及作为推进火箭的燃料	火药主要的特性是能够进行稳定的、迅速的燃烧	常用的火药有两类，一类是硝化纤维素由硝化棉、硝化甘油为主要成分，外加部分溶剂胶合而成。另一类是无机械混合火药，如典型配方为 75% 硝酸钾、10% 硫黄和 15% 木炭
烟火药	作为照明弹、烟幕弹、燃烧弹、信号弹的装药，以及指示示弹道的曳光剂	烟火药本质上属于炸药，在一定条件下能够进行爆轰，但是它的主要化学反应形式是燃烧，并且在燃烧的同时产生相应的烟火效应	通常是由氧化剂、有机燃料或金属粉料和黏合剂混合而成

2.3 不忘环保

火炸药不仅在燃烧爆炸时产生大量有毒有害物质，对环境有污染，而且是一项工业产品，在生产火炸药的同时也会产生一定的副产品或其他产物，处理不当就会成为一种环境污染，甚至会对人体健康产生影响。因此，火炸药行业是工业生产中的重要污染源之一，需要对这种工业污染进行防治。

▲ 图 2-22 美丽的烟火往往叫人忘掉其对空气的污染

▼ 图 2-23 爆炸产生大量废气和颗粒物

目前，世界上应用最为广泛的火炸药有 3 种：梯恩梯 (TNT)、黑索金 (RDX) 和奥克托金 (HMX) 等。其中以 TNT 的产量最高。这些火炸药废水及其在生态环境中生成的其他物质主要有以下特点。

（1）成分复杂。火炸药的原料、中间产物和副产物、产品及它们在环境中的转化物排入大气中的污染物主要有四硝基甲烷、甲醛、氮氧化物、硝基苯、硫酸雾等 40 多种；排放的粉尘有 RDX、TNT 和棉尘等；排放废水中的污染物有 RDX、HMX、TNT、DNT 等 60 多种。还含有部分原料，如硝化纤维素 (NC)、硝化甘油 (NG)，加之副产物及其生成的转化物有上百种之多。

（2）有毒。火炸药废水中的污染物大多有毒，梯恩梯（TNT）能影响动物和人的中枢神经系统及肝脏。黑索金（RDX）剧毒，具有致癌性，能够引起动物和人体内碱酯酶活性下降，进而导致神经系统的损伤。这些毒素进入环境后，通过食物链或呼吸等方式进而进入人体，都会对人类的生存环境或身体健康造成潜在的安全隐患。

（3）排放量大。火炸药工业排放的污染物中，其废水排放量是最大的．大约占各种污染物总量的75%以上。

火炸药工业中废水排放是污染量最大的来源，因此火炸药工业废水处理是火炸药环保的关键。

火炸药废水处理的本质是将火炸药废水里面所含有的各种的污染物质与水分离，从而使污水得到净化。

火炸药废水处理方法有：物理处理方法、化学处理方法、物理化学处理方法、生物处理方法。物理处理方法是应用物理作用没有改变废水成分的处理方法。它的实质是仅仅将污染物和水分离，并没有改变污染物的化学性质。

2.4 展望未来

火炸药发展到现在已经有1100多年的时间，从最早的黑火药开始，到新近合成的CL-20，火炸药的性能提升飞跃，而且性能提升始终没有停止，除了继续探索合成新型火炸药，火炸药领域的研究还有武器弹药的安全问题以及弹药行业民用技术向军用技术的转化等多方面的内容。

环视世界，在人类追求和平与发展的过程中，战争与冲突的阴霾始终未能散尽，中国的国家安全始终面临严峻挑战，实现中华民族的伟大复兴，必须用强而有力的武器装备构筑属于我们的"中国力量"。当我们惊叹于99A坦克、远程火箭炮、东风导弹的威力时，你可曾想过，从枪炮子弹到火箭导弹、从身管发射到触发爆轰以及火箭发动机的推进效能，武器装备的性能最终须体现在对敌人的有效杀伤上，而实现这一切的重要基础——火炸药，默默无闻中却成为中国力量无可替代的基石。

第 3 章 一飞冲天

—— 火箭

你知道吗？

　　中国现代火箭事业是从 1956 年 2 月开始的，当时著名科学家钱学森向国家领导人提出《建立中国国防航空工业的意见》，提出发展中国的导弹、火箭事业。1956 年 10 月，中华人民共和国国防部第五研究院成立，负责发展中国的导弹、火箭事业，钱学森担任首任院长。国防部第五研究院的成立以来，一代又一代的科研人员的不懈努力，使我国的火箭事业完成一点一滴的技术积累，并在多年的发展过程中不断取得令世人瞩目的成就。

3.1 火箭变形记

　　火箭是靠火箭发动机喷射工作介质，利用产生的反作用力向前运动的飞行器。它自身携带燃烧剂与氧化剂，不依赖空气中的氧助燃，既可在大气中，又可在外层空间飞行。火箭在飞行过程中随着火箭推进剂的消耗，其质量不断减小，是变质量飞行体。

　　现代火箭可用作快速远距离运送工具，如作为探空、发射人造卫星、载人飞船、空间站的运载工具，以及其他飞行器的助推器等。也可用于投送作战用的战斗部（弹头），构成火箭武器。火箭是目前唯一能使物体达到宇宙速度、克服或摆脱地球引力、进入宇宙空间的运载工具，而火箭的速度是由火箭发动机工作获得的。

图 3-1 酒泉卫星发射中心发射
　　　　长征系列运载火箭

3.1.1 火箭的起源

火箭起源于中国，是中国古代重大发明之一。

中国古代的火箭发端于火攻用的弓箭，是将引火物附在弓箭头上，然后射向敌人身上引起焚烧的一种箭矢（见图 3-2）。

古代中国火药的发明与使用，给火箭的问世创造了条件。北宋后期，民间流行的能升空的"流星"（后称"起火"），已利用了火药燃气的反作用力。南宋时期，出现了军用火箭。到明朝初年，军用火

图 3-2 箭矢

箭已相当完善并广泛用于战场，被称为"军中利器"。明代初期兵书《火龙神器阵法》和明代晚期兵书《武备志》以及其他有关中外文献，均详细记载了中国古代火箭的形制和使用情况（见图 3-3）。明代的万户是世界上第一个想借助火箭推力飞天的人，虽然试验失败，但无愧为"世界航天第一人"（见图 3-4），为纪念万户的航天探索，世界科学家就将月球上的一座环形火山命名为"万户山"。

图 3-3 《武备志》记载的"火龙出水"是最早的二级火箭

3.1.2 火箭的发展

古代火箭、火药是中国人发明的，但后来由于对科学技术的重视程度不足，古代火箭技术在我国未发展成现代火箭技术。西方人接触到古代火箭技术已经是我国发明火箭千年以后的事情了，但西方人对于科学技术十分重视，发展起来了现代火箭。

19 世纪末 20 世纪初世界上许多国家都对现代火箭开展了研究。现代火箭雏形诞生于美国，1926 年，美国火箭技术科学家 R. H. 戈达德成功试射了世界上第一

图 3-4 万户飞天

枚无控液体火箭（见图 3-5）。20 世纪三四十年代，德国军队看中了火箭作为长程火炮的可能性，成立专门组织，发展长程武器，1944 年，德国首次将有控弹道式液体火箭 V-2（又称弹道导弹）用于战争。第二次世界大战中美国和苏联攻入德国，美国从德国带走了德国火

图 3-5 1926 年戈达德研制成功世界上第一枚无控液体火箭

箭的有关资料和包括冯·布劳恩在内的大量研究人员，而苏联则带走有关的技术人员。

图 3-6 V-2 火箭

一方面，美国在冯·布劳恩等德国专家的帮助下，发快速展自己的现代火箭事业，研制成功美军第一代核弹的洲际导弹载具——"红石"导弹；成功将美国第一颗人造卫星送入太空的"丘比特 C"探空火箭。

另外一方面，苏联的火箭研究在谢尔盖·帕夫洛维奇·科罗廖夫的领导和来自德国技术人员的协助下，V-2 火箭被复制及改进成为 R-1、R-2 及 R-5 导弹。原德国的设计在 20 世纪 40 年代晚期被放弃，而这些德国工作人员也被遣送回国。苏联利用新技术研制了最初的洲际导弹 R-7。R-7 作为洲际导弹其实用性不强，由其改装的运载火箭发射了人类第一颗人造卫星。此外还成功发射第一个太空人和第一个月球探测器及行星际探测器，改进系列直到现在还在使用。

20 世纪 60 年代形成了全世界范围内火箭科技极速发展的时代，在航天领域投入大量研究的国家包

图 3-7 R-7 火箭

括苏联（成功研制"东方"号、"联合"号、"质子"号）、美国（成功研制 X-20 飞行器、"双子星"号），以及其他国家，如英国、日本、澳大利亚等。美国更是在 20 世纪 60 年代末期成功登陆月球，标志人类在航天领域的一大步。

在 20 世纪 80 年代初，苏、美两国已经分别研制出六七个系列的运载火箭。其中，美国载人登月的"土星"5 号火箭，直径 10 米，长 111 米，起飞重量约 2930 吨，低轨道运载能力为 127 吨，是当前世界上最大的火箭（见图 3-8）。运载火箭正朝着高可靠、低成本、多用途和多次使用的方向发展。航天飞机的问世就是这一发展趋势的体现。火箭技术的快速发展，不仅将提供更加完善的各类火箭武器，还将使建立空间工厂、空间基地以及星际航行等成为可能。

图 3-8 "土星" 5 号火箭

接下来介绍一下我国国内的现代火箭发展历程。自 1956 年成立现代火箭的专门研究机构——国防部第五研究院以后，我国科研人员在"独立自主，自力更生"的方针指导下，卓有成效地研制出多种型号的运载火箭。从 1958 年研制、试验探空火箭开始，1970 年用"长征一号"三级火箭成功地发射了我国第一颗人造地球卫星"东方红一号"；1975 年，用更大推力的火箭——"长征二号"，发射了可回收的重型卫星；1980年，向南太平洋海域成功地发射了新型运载火箭；1982年，潜艇水下发射火箭又获成功；特别是1984年4月8日和1986年2月1日，用装有液氢液氧发动机的"长征三号"火箭，先后发射地球同步试验通信卫星；特别是进入21世纪以来，我国利用长征系列火箭先后成功发射载人飞船、月球探测器和"天宫一号"目标飞行器。这些成功表明，在现代火箭技术方面中国已跨入世界先进行列。

图3-9 1958年9月8日中国第一枚自行研制并成功发射的二级固体探空火箭"东方-1号"
（由北京工业学院（现北京理工大学）研制）

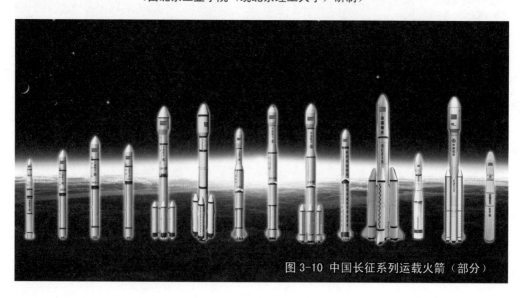

图3-10 中国长征系列运载火箭（部分）

3.2 火箭是个多面手

20世纪中叶以来，火箭技术得到了飞速发展和广泛应用，其中尤以各种火箭武器和空间运载火箭发展最为迅速，火箭用于运载航天器就称为航天运载火箭，用于运载军用炸弹就是火箭武器（无控制）或导弹（有控制）。从火箭炮到对付飞机、坦克和舰艇以及攻击固定目标的各类有控火箭武器（导弹），均已发展到相当完善的地步，反导弹、反卫星火箭武器也正在研制和完善之中。各类火箭武器正继续向高精度、反拦截、抗干扰和提高生存能力的方向发展。

火箭被用在越来越多的地方，出现了各种形式的火箭，如何区分这些火箭，就得先从分类说起。火箭可按不同方法分类。按能源不同，分为化学火箭、核火箭、电火箭以及光子火箭等。化学火箭又分为液体推进剂火箭、固体推进剂火箭和固液混合推进剂火箭。按用途不同分为卫星运载火箭、布雷火箭（见图3-11）、气象火箭、防雹火箭以及各类军用火箭等。按有无控制分为有控火箭和无控火箭。按级数分为单级火箭和多级火箭。按射程分为近程火箭、中程火箭和远程火箭等。火箭的分类方法虽然很多，但其组成部分及工作原理是基本相同的。下面介绍两种典型的火箭。

图3-11 中国74式布雷火箭系统

3.2.1 运载火箭

运载火箭，由多级火箭组成的航天运输工具。用途是把人造地球卫星、载人飞船、空间站、空间探测器等有效载荷送入预定轨道。运载火箭一般由2～4级组成，每一级都包括箭体结构、推进系统和飞行控制系统。末级有仪器舱，内装制导与控制系统、遥测系统和发射场安全系统。级与级之间靠级间段连接。有效载荷装在仪器舱的上面，外面套有整流罩。

苏联"东方号"系列是世界上第一个航天运载火箭系列，包括"卫星号""月球号""东方号""上升号""闪电号""联盟号""进步号"等型号，后四种火箭又构成"联盟号"子系列火箭。自1957年苏联首次利用运载火箭发射第一颗人造卫星，至20世纪80年代，世界各国已研制成功20多种大、中、小型运载火箭。比较著名的有苏联的"东方号"系列运载火箭、美国的"大力神"系列运载火箭、日本的"H"系列运载火箭等。中国则在液体弹道式导弹基础上研制出了"长征"系列火箭。

3.2.2 气象火箭

气象火箭是探测高空大气参数（温度、压力、密度、风）的探空火箭，其获得的高空大气资料可用于天气预报、害气候变化和灾性天气研究。

气象火箭通常是小型无控制火箭，价格低廉，可靠性高，使用方便，一般重数十千克到几百千克，携带的仪器仅重几千克，这种火箭弹道顶点高度通常在 60 千米以上。气象火箭探测高空大气有多种方法。一种是在飞行中用探测仪器直接测量大气参数；另一种是在弹道顶点附近从箭头弹出探测仪器，挂在降落伞上，在下降过程中综合测量大气参数。这两种方法都要通过仪器上的遥测装置向地面接收站传送探测信息。有的气象火箭在弹道顶点高度附近抛出能充气膨胀的球体，用地面雷达跟踪，以测定大气密度、风速和风向。有的火箭在高空弹出金属箔条、化学发光物等示踪物，再由地面雷达跟踪示踪物以测定高空风和湍流。还有的从火箭上弹出榴弹，然后靠接收站接收榴弹在空中爆炸发出的声波来间接测定温度。世界上已有20 多个国家研制和发射了气象火箭，建立了 80 多个气象火箭发射场，探测网站遍及从赤道到极区，从陆地到海洋的广大地域。

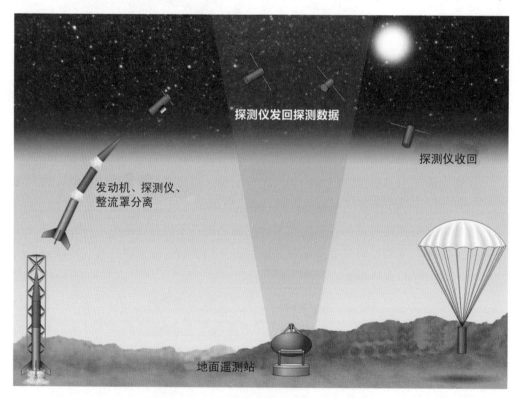

图 3-12 气象火箭（探空火箭）的飞行路径

3.3 把火箭拆开

箭体结构是运载火箭的基体，它用来维持火箭的外形，承受火箭在地面运输、发射操作和在飞行中作用在火箭上的各种载荷，安装连接火箭各系统的所有仪器、设备，把箭上所有系统、组件连接组合成一个整体（见图 3-13）。

飞船

第三级

第二级

第一级

图 3-13 "土星" 5 号火箭结构示意图

从图 3-13 看，火箭主要由几"块"结构拼接而成，然而火箭是要执行一定的任务的。要探究的火箭组成，不能仅从表面上看到"块"，得从火箭如何顺利完成任务这一角度。从任务的观点，火箭主要由以下几个系统组成。

3.3.1 动力装置系统

动力装置系统是推动运载火箭飞行并获得一定速度的装置。对液体火箭来说，动力装置系统由推进剂输送、增压系统和液体火箭发动机组成。固体火箭的动力装置系统较简单，它的主要部分就是直接装在发动机的燃烧室壳体内的固体火箭发动机推进剂。

3.3.2 控制系统

控制系统是用来控制运载火箭沿预定轨道正常可靠飞行的部分。控制系统由制导和导航系统、姿态控制系统、电源供配电和时序控制系统三大部分组成。制导和导航系统的功用是控制运载火箭按预定的轨道运动，把有效载荷送到预定的空间位置并使之准确进入轨道。姿态控制系统（又称姿态稳定系统）的功用是纠正运载火箭飞行中的俯仰、偏航、滚转误差，使之保持正确的飞行姿态。电源供配电和时序控制系统则按预定飞行时序实施供配电控制。

3.3.3 遥测系统

遥测系统的功用是把运载火箭飞行中各系统的工作参数及环境参数测量下来，通过运载火箭上的无线电发射机将这些参数送回地面，由地面接收机接收；亦可将测量所得的参数记录在运载火箭上的磁记录器上，在地面回收磁记录器。这些测量参数既可用来预报航天器入轨时的轨道参数，又可用来鉴定和改进运载火箭的性能。一旦运载火箭在飞行中出现故障，这些参数就是故障分析的依据。

3.3.4 外弹道测量系统

外弹道测量系统的功用是利用地面的光学和无线电设备与装在运载火箭上的对应装置一起对飞行中的运载火箭进行跟踪，并测量其飞行参数，用来预报航天器入轨时的轨道参数，也可用来作为鉴定制导系统的精度和故障分析依据。

3.3.5 安全系统

安全系统的功用是当运载火箭在飞行中一旦出现故障不能继续飞行时，将其在空中炸毁，避免运载火箭坠落时给地面造成灾难性的危害。安全系统包括运载火箭上的自毁系统和地面的无线电安全系统两部分。箭上的自毁系统由测量装置、计算机和爆炸装置组成。当运载火箭的飞行姿态，飞行速度超出允许的范围，计算机发出引爆爆炸装置的指令，使运载火箭在空中自毁。无线电安全系统则是由地面雷达测量运载火箭的飞行轨道，当运载火箭的飞行超出预先规定的安全范围时，由地面发出引爆箭上爆炸装置的指令，由箭上的接收机接收后将火箭在空中炸毁。

3.3.6 瞄准系统

瞄准系统的功用是给运载火箭在发射前进行初始方位定向。瞄准系统由地面瞄准设备和运载火箭上的瞄准设备共同组成。

3.4 火箭的科学

3.4.1 作用力与反作用力原理

牛顿力学基本定律：两个相互作用的物体，其作用力与反作用力总是同时存在，他们大小相等，方向相反。如图所示，在平静的水面上，人在一条船上推另一条船，两条船同时向相反的方向运动。

图 3-14 水面上推船后两船分离

下面来看看在火箭上怎么运用这个原理的。如图3-15所示，燃料（黄色标识）在火箭发动机燃烧室内燃烧，生成高温高压的物质（主要是气体，红色标识），相对于燃烧前的燃料，燃烧后产物体积急剧膨胀，并由喷嘴处喷出，就好像喷嘴、燃烧室发力把产物推了出去（作用力），与此同时产物会对喷

图 3-15 火箭的动力来源于燃烧产物在发动机燃烧室和喷嘴上的作用力

嘴、燃烧室有反作用力。结果就是，火箭获得飞行的动力。

3.4.2 多级火箭

火箭的速度是由火箭发动机工作获得的。早在1903年齐奥尔科夫斯基就推导出单级火箭的理想速度公式：$V = \omega \ln (M_0/M_k)$。

该公式被称为齐奥尔科夫斯基公式。ω 为发动机的喷气速度、M_0 和 M_k 分别是火箭的初始质量和发动机熄火（推进剂用完）时的质量。M_0/M_k 被称为火箭的质量比。

由上面的公式可知，火箭的速度与发动机的喷气速度成正比，同时随火箭的质量比增大而增大（也就是火箭装的燃料尽可能多，而结构的质量尽可能小）。计算表明，用液氧、煤油等作推进剂的单级火箭是无法达到宇宙速度的。即使用液氢液氧作推进剂，喷气速度也只能达到 4.2 千米 / 秒，其单级火箭还是无法达到约 8 千米 / 秒的第一宇宙速度。因为考虑到空气阻力，从地面起飞的火箭，实际上应达到 9.5 千米 / 秒以上的速度。这样一来，火箭的质量比应达到 11 以上才行。也就是说，推进剂应占火箭总质量的 91% 以上，这比蛋清、蛋黄占整枚鸡蛋的分量比例还大，如此单薄的火箭是无法使用的！

火箭不能单薄，而实际中的单级火箭不管燃料省多少都得带着巨大的壳体飞行，速度自然就受到限制，为了克服这个不利的因素。齐奥尔科夫斯基设想用多级火箭接力的办法来达到宇宙速度，就是在火箭垂直发射时，让最下面一级先工作，完成任务后脱离，接着起动上面一级，进一步提高速度。这样轻装前进，逐级提高，总能达到所需要的宇宙速度。实践证明这是可行的，现代运载火箭均采用了多级设计。

3.5 走进水火箭

水火箭又称气压式喷水火箭、水推进火箭（见图 3-16）。是利用废弃的饮料瓶制作成压力舱、箭体、箭头、尾翼。灌入三分之一的水，利用打气筒充入空气到达一定的压力后发射。水火箭利用水和空气的质量之比（水的密度是空气的 771 倍），压缩空气使水从水火箭尾部的喷射口向下高速喷出，在反作用下，水火箭快速上升，在空中飞行，像真的火箭一样有一个飞行轨迹，最后达到一定高度后自由下落。

图 3-16 水火箭

3.5.1 水火箭结构

火箭头部：用有弹性的橡胶做头部，在落地时能吸收冲击力，起到缓冲的作用，可保护水火箭的安全。

平衡舱：水火箭本体的上部，也就是火箭的本体，不能进水和空气。

压力舱：火箭的本体，从火箭下部的开口注入水和空气，使火箭内部增压。因压力会逐步增强，所以需固定牢实。

火箭翼：由于水火箭要像真正火箭一样向前飞行，所以机翼是必不可少的。务必使用稍硬的材料（纸板）并粘牢。

喷射口：压力舱中的水和空气从这里急剧喷出，从而成为水火箭飞行的动力。用弹性橡胶盖效果较好。

3.5.2 制作水火箭

制作水火箭所用到的材料见表 3-1。

表 3-1 水火箭制作材料

材料名称	数量
可乐瓶（腰部勿弯曲）	3 个
透明胶带	1 卷
剪刀或美工刀	1 个
带气门嘴、芯的橡皮塞	1 个
硬纸板	2 张
泡沫塑料	1 块
胶水	1 瓶

水火箭的制作步骤如下。

第一步，制作平衡舱：取一个瓶子，用美工刀或剪刀切开瓶口和瓶尾，保持切口的平整（见图 3-17）。

第二步，取第二个可乐瓶，将带气门嘴、芯的橡皮塞塞紧这个可乐瓶的瓶口，而后将可乐瓶套在第一个可乐瓶中，并用胶布粘牢（见图 3-18）。

第三步，如图 3-19 所示，用泡沫所料制作火箭的头部，并用胶水粘牢在。

图 3-17 制作平衡舱

图 3-18 黏结第二个可乐瓶

图 3-19 制作并黏结水火箭头部

第四步，如图 3-20 所示，将第三个可乐瓶的瓶身中部切下，用硬纸板制作平衡翼，平衡翼的数量为 4 个，用胶带将平衡翼粘牢；最后套在第二个可乐瓶瓶口部分，并用胶带粘牢，结果如图 3-16 所示。

图 3-20 制作水火箭平衡翼

3.6 展望未来

火箭作为目前唯一的地球和外太空之间的运载工具，承担着人类走出地球探索宇宙的使命。然而，目前火箭的发射成本十分高昂，一般运载火箭的发射费用至少一千万美元，这么高昂的成本使得火箭的商业价值未被充分挖掘。多级运载火箭发射过程中，会抛掉如第一级、第二级等结构部分，这些结构部分仅使用一次就毁掉了，而在火箭的发射成本中这些结构部分占有相当的一部分，如果能重复利用这些结构部分，就会降低火箭的发射成本。美国太空探索技术公司就在这一思想的启发下，研制出了部分可重复使用的小型运载火箭，成为当今世界上发射费用最便宜的的火箭（见图 3-21）。可以想象，未来的运载火箭一次使用完毕后仅需加注燃料和装上"货物"（载荷），就可以再次发射。

图 3-21 Falcon 9 火箭第一级成功回收

聚焦我国。自 2011 年"天宫一号"发射后，中国在 2020 年建设真正空间站也就此步入了轨道，然而空间站建设的需要发射质量达到 20 吨的载人舱室。为了在大推力运载火箭技术上追赶航天强国，同时也为了满足未来载人登月和空间站建设等需求，中国发力新一代大推力发动机。2016 年 11 月"长征五号"运载火箭成功发射，该新火箭的运载能力可达 25 吨，"长征五号"运载火箭的运载能力正是得益于中国新一代的大推力发动机技术的突破。

第 4 章 聪明的武器

—— 导弹

你知道吗？

　　导弹是现如今的军事装备中不可或缺的武器，有着巨大的威力。导弹自第二次世界大战问世以来，受到各国的普遍重视，导弹技术得到很快的发展。导弹的使用，使战争的突然性和破坏性成倍增大，规模和范围成倍扩大，战争进程加快，从而改变了过去常规的战争观念，给现代战争的战略战术带来了巨大而深远的影响。

4.1 导弹变形记

　　导弹是一种携带战斗部，依靠自身动力装置推进，由制导系统导引控制飞行航迹的飞行器（见图4-1）。导弹攻击方式有多种，例如有翼导弹作为一个整体直接攻击目标，弹道导弹飞行到预定高度和位置后弹体与弹头分离，由弹头执行攻击目标的任务。导弹摧毁目标的有效载荷是战斗部（或弹头），可以是核装药、常规装药、化学战剂或者使用电磁脉冲。其中装常规炸药的称为常规导弹；装核弹的称核导弹。

图 4-1 我国"红旗61"防空导弹

4.1.1 鱼雷飞起来了

1909 年英国上映的一部科幻电影 *"The Airship Destroyer"* 向人们展示了无线遥控的会飞的"鱼雷",电影中敌人的飞艇向英国投下大量炸弹,危机中主人公向飞艇发射了会飞的"鱼雷"并成功击毁飞艇(见图 4-2)。

图 4-2 科幻电影中展示的会飞的"鱼雷"

这部科幻电影中展示的新式武器虽然在现实当中是不可思议的,但却揭示了新式弹药的发展方向 —— 利用先进技术研制无人驾驶自动攻击目标的弹药。

1918 年 10 月,美国发射了首枚飞行炸弹,那是一架翼展长 4 米、名为"凯特灵虫子"(Kettering Bug)的小型双翼飞机,这种飞机被看成导弹的"简易"始祖,但其飞行距离已有 120 千米,可承载 85 千克炸药(见图 4-3)。通过计算到达目标位置的飞行距离,技师们事先预设好发动机转数,在超目标方向飞行过程中,发动机达到预定转数后就立即停止运行,同时机翼翻转,这样飞机就可以朝向目标下落坠毁。然而试验过程中,"凯特灵虫子"总是偏离目标,因此也就没有上过战场。

图 4-3 "凯特灵虫子"

4.1.2 导弹首现

20 世纪 40 年代,德国在佩内明德研制了一款类似无人驾驶飞机的武器,即 V-1 导弹,来攻击英国伦敦。1944 年 6 月 14 日,德国发动了对英国伦敦的袭击,从德军发射场起飞的 V-1 导弹发射朝着伦敦方向飞去。发射 4 分钟后,雷达观测站的观察员发现了这种新型的攻击武器,但是当时没人知道这是一枚武器,只是以为这是一架速度较快的飞机而已。然而 30 分钟后,导弹上的计数器达到飞行终止值,升降舵、方向舵锁定。导弹尾部上抬,进入俯冲状态。最终,落到地面的 V-1 导弹爆炸产生了巨大的弹坑,并点燃了弹坑周围大面积的区域。德军发射的 10 枚 V-1 导弹中有 6

枚没有飞过英吉利海峡就自行坠毁，有 3 枚飞过海峡但是严重偏离目标，坠落在敦伦郊区野外，只有 1 枚有了战果，造成伤亡也只有十几人。

二战中从 1944 年 6 月开始到德国宣布投降，德军向英国本土发射了数千枚 V-1 导弹，造成数万人伤亡。这就是世界上首枚巡航导弹的战例，在当时的战争中这样的攻击模式超乎大部分人对作战方式的理解。

图 4-4 V-1 导弹结构及攻击地面

V-1 导弹的核心部件就是制导系统和喷气式发动机。制导系统相对简单，由陀螺仪、空速计、高度计、机械计时器、油路切断器构成。发射导弹前，发射人员首先根据发射场地的地图坐标和轰炸目标的地图坐标，计算出导弹飞行方向和应该飞行时间。导弹起飞后，陀螺方位仪开始发挥作用，让导弹保证向预定的方向飞行。空速计，高度计在飞行中保证导弹的速度和高度，防止由于速度过低或者高度过高被敌方拦截或坠毁。机械计时器则计算导弹的飞行时间，当到达飞行预定的时间后，机械计时器激活油路切断器。该仪器切断油路供应，导致导弹失去动力，同时打开阻流板让导弹大幅度减速，此时导弹向下俯冲，击中地面爆炸。V-1 导弹重 2200 千克，弹长 7.6 米，最大直径 0.82 米，翼展 5.3 米，使用脉动式空气发动机，飞行距离达 240 千米，战斗部装药 700 千克，飞行高度 2000 米。发射时用弹射器弹射升空，然后按预定弹道自动操纵火箭飞行。

德国研制的这种 V-1 导弹是世界上最早出现并应用实战的导弹，其属于巡航导弹；而 1944 年 9 月德国向英国本土发射的 V-2 导弹则是世界上第一枚弹道导弹。

V-2 导弹的动力装置与 V-1 导弹不同，发射时 V-2 导弹利用火箭发动机的推力上升至距地面大约 90 千米的高空，然后在重力的作用下，近似地沿一抛物线自由落体，其下落速度最大可达到 1600 米 / 秒，这样的飞行高度和飞行速度在当时是无法预警和拦截的。正是因为这个，饱受 V-1 导弹袭击的伦敦城里的英国居民在见识到 V-2 导弹的可怕之后，有数万人选择离开伦敦，迁居他地。

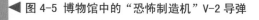
◀ 图 4-5 博物馆中的"恐怖制造机"V-2 导弹

▼ 图 4-6 V-2 导弹造成的毁伤

第二次世界大战末期，各国从德国 V-1、V-2 导弹在战争中所发挥的作战效果中认识到，导弹在未来的战争中将发挥重要作用。美国、苏联、瑞士、瑞典等国，在第二次世界大战结束后不久，学习借鉴德国 V-1、V-2 导弹的技术，继续了在第二次世界大战期间已经进行的导弹研究工作。英、法两国，分别于 1948 年和 1949 年重新开始了导弹的研究工作。至此，导弹时代的大幕一点点被拉开了。

4.1.3 我国导弹事业的发展

我国航天科技工业跟随世界航天的风雨历程，从无到有，从小到大，跻身世界先进行列，取得了辉煌成就，走出了一条自力更生、拼搏腾飞、屹立于世界的发展道路。

20 世纪 50 年代中期，党和国家领导人发出"向科学进军"的伟大号召，周恩来总理组织制定了包括火箭技术在内的科学技术发展远景规划。

1956 年刚从国外回国的火箭专家钱学森博士提出我国发展导弹技术的建议，中央做出决策，在钱学森的主持下，集中 30 多名专家和 100 多名应届大学生，组成最初的科研队伍。在十分简陋的条件下，我国的第一批科研人员艰苦奋斗，自力更生，开始攀登航天技术高峰。在聂荣臻元帅的直接领导下，1956 年 10 月 8 日我国建立了国防部第五研究院，开始利用苏联的援助，通过仿制，学习自行设计火箭、导弹的本领（见图 4-7、图 4-8）。

图 4-7 国防部第五研究院院长任命书

1960 年，在华的苏联专家、导弹资料被撤走。由于当时绝大多数科研人员没有接触过导弹，对导弹内部的构造和工作原理几乎不了解，更谈不上设计、研制导弹了。面对巨大的困难，我国科技人员和工人发愤图强，刻苦钻研，突破重重难关，研制我国自己的导弹。用于打击政治和经济中心、军事和工业基地、核武器库、交通枢纽等目标的导弹被称为战略导

图 4-8 钱学森在授课

弹，这类导弹是一个国家国防实力和军事科学技术的主要标志。因此，我国的科研人员在战略导弹上投入了大量心血，经过一代代的技术积累，取得了喜人的成绩。

1960 年 11 月近程地地导弹东风一号成功落在预定弹着靶区内，这是我国第一枚成功发射的导弹（见图 4-9）。

1966 年 10 月装有核弹头的中近程地地导弹点火发射，核弹头在预定地点上空实现了核爆炸。我国有了可用于实战的导弹。

1970 年 1 月"DF-4"中远程弹道导弹发射试验成功。

1980 年 5 月，中国第一枚洲际战略导弹"DF-5"自发射基地向南太平洋海区发射成功。中国从此具备了跨洲际核打击能力。

1980 年末"巨浪 -1"完成增程任务，射程从 2000 千米增加到 3000 千米。

1986 年用"DF-4"弹道导弹进行多弹头分导式重返大气层的第一次试验。

1999 年 8 月，我国对外宣布在本国境内成功地进行了一次新型远程地地导弹发射试验。

2006 年，中国首种远程固体弹道导弹"DF-31"（可车载发射）服役，与其前辈远程导弹相比，其生存能力和突防能力有明显提高。

2009 年中国建国 60 周年国庆阅兵仪式上，"DF-21D"中程反舰弹道导弹亮相，号称"航母杀手"，对捍卫我国海洋主权具有重要作用。

2015 年 9 月 3 日，中国抗战胜利 70 周年阅兵仪式上，"DF-5B"分导式液体洲际战略核导弹参阅，进一步彰显了多弹头远程洲际导弹技术（一枚导弹携带多枚弹头，各枚弹头可以攻击不同目标）的成熟。

图 4-9 东风一号
（东风一号导弹是我国科研人员仿制苏联 P-2 导弹而成，而 P-2 导弹源自苏联人对德国 V-2 导弹的仿制）

图 4-10 DF-5B

4.2 形形色色的导弹

导弹按不同的标准可以分为不同的类别。按飞行方式分，有弹道导弹和巡航导弹；按作战任务的性质分，有战略导弹和战术导弹；按发射点和目标分，有地地导弹、地空导弹、空面导弹、空空导弹、潜地导弹、岸舰导弹等；按攻击的兵器目标分，有反坦克导弹、反舰导弹、反雷达导弹、反弹道导弹、反卫星导弹等。按搭载平台分，有单兵便携导弹、车载导弹、机载导弹、舰载导弹等。还可按射程远近及推进剂的性质等分为不同类型。下面介绍两种典型的导弹。

4.2.1 弹道导弹

弹道导弹是一种采用火箭发动机作为动力的导弹，通常没有翼，在烧完燃料后只能保持预定的航向，不可改变，其后沿着规定的轨迹作无动力飞行。为了获得更远的打击距离，弹道导弹必须发射很高，进入高空中或太空，进行亚轨道宇宙飞行。例如，对于洲际导弹，飞行高度大约为1200千米。洲际导弹一般都是有核国家才配备，被视为核三位一体的最基础一级（核三位一体指一国同时拥有陆基洲际弹道导弹，潜射弹道导弹和战略轰炸机三种核打击方式）。弹道导弹按射程分为洲际、远程、中程和近程弹道导弹，各国的分类不一致。国际上的通行惯例如下。

洲际弹道导弹（ICBM）：射程在8000千米以上；远程弹道导弹（IRBM）：射程在3000 ~ 8000千米；中程弹道导弹（MRBM）：射程在1000 ~ 3000千米；短程弹道导弹（SRBM）：射程在1000千米以下。

为了提高弹道导弹的攻击效率，实现发射一次可打击多处目标，导弹可采用多弹头，见图4-11。图中1阶段为发射上升阶段，2阶段将停机的一级动力火箭A以及整流罩E抛掉，3阶段将停机的二级动力火箭B抛掉，4阶段将停机的三级动力火箭C抛掉，此时母战斗部在外太空中飞行，5阶段母战斗部推力发动机停止工作，6阶段母战斗部按照预定程序抛洒子弹药，7阶段子弹药向不同目标攻击，8阶段不同类型子弹药起爆。

4.2.2 反雷达导弹

反雷达导弹又称反辐射导弹，是指利用敌方雷达的电磁辐射进行导引，从而摧毁敌方雷达及其载体的导弹。现役的空地反辐射导弹，通常用于攻击选定的目标。发射前要对目标进行侦察，测定其坐标和辐射参数。发射后，导引头不断接收目标的电磁信号并形成控制信号，传给执行机构，使导弹自动导向目标。在攻击过程中，如被攻击的雷达关机，导弹的记忆装置能继续控制导弹飞向目标。

反雷达导弹有自己的性能特点和优势，首先攻击频率覆盖宽，弹上装备的无源雷达干扰头工作频率宽，覆盖了警戒和火控雷达所常使用的频段。同时能根据对方雷达参数和特征重编程，发射前，将预定攻击的目标波长输入，发射后导引头便对所储存的频率进行搜索，直到选出目标。

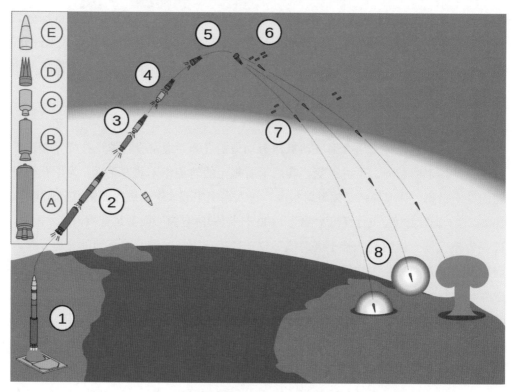

图 4-11 多弹头攻击原理

4.3 导弹聪明的奥秘

在"愤怒的小鸟"这款游戏中，我们就是利用不同的小鸟作为武器来打击目标的，然而小鸟总是沿着固定的轨迹飞行，而不能自己找到目标，所以它经常失败。导弹也是一类会飞的武器，如果导弹不能自己找到目标，那它就和小鸟没有区别了，实际上导弹能自己发现目标，所以导弹是聪明的武器。那么导弹到底聪明在哪儿，能精确打击目标吗？

图 4-12 "愤怒的小鸟"

探究导弹聪明的奥秘，还得从导弹的结构组成入手，那么导弹应该具有哪些部分呢？我们可以把导弹想象成一架特殊的飞机。除了机翼之外，飞机上还应该有什么呢？

飞机要有动力系统，导弹的组成部分之一就是动力装置。它是用于推进导弹飞行的装置。导弹的动力装置常用固体或液体火箭发动机，有的用涡轮风扇或涡轮喷气发动机、混合推进剂火箭发动机、冲压喷气发动机。巡航导弹通常用固体火箭发动机助推，涡轮风扇或涡轮喷气发动机巡航。弹道导弹一般用固体或液体火箭发动机。

那我们飞机又有什么样的用途呢？就是把乘客送往目的地。那导弹上的乘客又是谁呢？导弹上的乘客就是用来摧毁目标的部分，这一部分，我们把它叫作战斗部。

飞机上还有一个非常重要的人——飞行员。导弹上的"飞行员"就是制导装置，制导装置就像导弹的眼睛和大脑，用来控制导弹的飞行方向、姿态、高度等，使导弹能稳定和准确地飞向目标。

事实上，导弹通常就是由制导系统、战斗部、动力装置和尾舱组成。而导弹的制导系统就是其聪明的奥秘。简单来讲，导弹打中目标，首先要跟踪到目标，而制导系统就可以发现目标，并告诉导弹，怎么跟踪目标。

下面是制导方式的分类及工作原理。

（1）寻的式制导。寻的式（又称自动寻找式）制导系统是通过弹上的导引系统（导引头或寻的头）感受目标辐射或反射的能量，自动形成控制命令并跟踪目标，导引制导武器飞向目标。这种制导方式按感受能量（波长）可分为（微波）雷达寻的、红外寻的、毫米波寻的、电视寻的和激光寻的制导；若按弹上安装的导引系统可分为主动寻的、半主动寻的和被动寻的制导。目前，世界上多数导弹和一部分空地导弹都采用这种制导方式。寻的式制导比较适合距离攻击目标较短时使用。

图 4-13 主动雷达制导引导头

（2）遥控式制导。遥控式制导系统是指导引系统的全部或部分设备安装在弹外制导站，由制导站执行全部或部分的测量武器与目标相对运动参量并形成制导指令，再通过弹上控制系统导引制导武器飞向目标。按指令传输方式可分为指令制导和波束制导。其中指令制导又分有线指令制导、无线指令制导和电视指令制导3种。其特点是弹上设备简单、成本低，如使用相控阵雷达，还可以对付多个目标。波束制导则包括雷达波束和激光波束制导两种。其弱点是射程受制导站跟踪探测系统作用距离的限制，精度随射程增加而降低。

（3）惯性制导。惯性制导是利用惯性测量设备测量导弹参数的制导技术。它是一种自主式制导方式。惯性制导系统全部安装在弹上，主要是陀螺仪、加速度表、制导计算机和控制系统。一般用于攻击固定目标。惯性制导的优点是抗干扰性强、隐蔽性能好、不受气象条件限制。其弱点是制导精度随飞行时间（距离）的增加而降低。因此工作时间较长的惯性制导系统，常用其他制导方式来修正其积累的误差。

（4）地形匹配（TERCOM）与景象匹配制导（DSMAC）。地形匹配与景象匹配制导系统又称地图匹配和景象匹配区域相关制导。是通过遥测、遥感手段按其地面坐标点标高数据绘制成数字地图，预先存入弹载计算机内，导弹飞临这些地区时，弹载的计算机将预存数据与实地数据进行比较，并随时根据指令修正弹道偏差，控制导弹飞向目标。由于绘制地图的方法不同，因此，又有可见光电视图像匹配、激光雷达图像匹配和红外热成像匹配制导等方式，它不受天气影响。地形匹配制导与惯性制导配合，可大大减小惯性制导的误差，这样导弹就会像长着眼睛似的迂回起伏，准确地飞向预定目标。

图 4-14 地形匹配（左）与景象匹配（右）制导原理图

（5）全球定位系统（GPS）制导。全球定位系统（GPS）制导属于导航制导方式。它是利用空间导航卫星的准确定位功能为制导武器提供全天候、连续、实时和高精度的导航服务，保证制导武器得到位置、速度和精确的时间三维信息。安装 GPS 接收机的制导武器可以取消地形匹配制导,可以缩短制定攻击计划所需的时间,或攻击非预定目标。

(6)复合制导。复合制导又称组合制导系统,是将各种制导方式的优长组合在一起,在其中某段或几段采用的多种制导方式。它是一种取长补短的办法。目的是增大制导距离,提高制导精度和抗干扰能力。例如,地形匹配制导方式的优点是精度高、不受气象条件影响,但是只能在地形起伏比较明显的路线上才比较有效,而在平坦的地面或水面不能使用。另一方面,对于远程导弹,如果全程都采用地形匹配制导,要存储的数据量太大,数据相关处理的工作量也很大,弹上计算机难以满足要求。所以,通常是把地形匹配制导与惯性制导配合使用,飞行全程都使用惯性制导,同时预定几个地点进行地形匹配,来修正惯性制导所产生的误差。美国和俄罗斯的战略巡航导弹采用惯性加地形匹配制导,圆概率偏差可达到约 30 米。

4.4 了解导弹的特点

在现代高科技武器的研制中,导弹有着其他武器不可比拟的优点,相应地,也具有自身的缺点。

4.4.1 导弹的优点

(1)打击准确。由于导弹上有制导系统,可以准确打击目标,对于移动中的目标,采取适当的制导方式也能实施打击。

(2)可以在导弹上搭载大规模杀伤性武器,使己方免遭误伤。

(3)可以进行不见面战争,进行远程打击。

(4)利用导弹的高速度特点,打击其他武器打击不到的目标,如敌方飞机,来袭导弹,敌方卫星等。

4.4.2 导弹的缺点

(1)易受气象因素影响。现有的战术导弹在其惯性向俯冲阶段易受气象因素影响而损失导弹的精度。

(2)隐蔽不易。导弹发射列车因车厢厢体大隐蔽比较困难,作战时易受到敌方侦测与攻击。

(3)发射阵地暴露时间长。战术导弹发射系统复杂,射击前须进行全面系统的单元测试和射击诸元计算与装定,这至少需要几十分钟的时间,发射阵地暴露时间长,此时导弹部队最脆弱,易遭侦测和攻击。

(4)受交通限制大。部队作战讲求"机动分散",但导弹对铁路、公路依赖大,作战时铁路、桥梁、隧道是敌方重点攻击目标，一旦这些路线被破坏，导弹部队就难以实现大范围机动。

4.5 展望未来

经过 70 余年的发展历程，导弹目前已发展成为种类繁多、用途广泛的现代化武器。现在世界上能自行研制导弹的国家有 20 多个，装备有自己研制或从别国购买导弹武器的国家有 100 余个。可以说，凡是有正规军的国家，几乎都装备了现代化导弹武器。

随着相关技术的不断成熟并应用于武器开发领域，导弹的科技含量也越来越高，在现代战争中发挥着日益重要的作用。"指哪打哪"是提升导弹性能的目标，实战中导弹既可作为进攻的"矛"，也可被用作防守的"盾"，也正是在作为"矛""盾"的使用过程中，导弹融入更多先进技术并经过不断发展，从最开始的傻、大、笨的时代，走向灵巧化、小型化、机动化、高突防、高精度、隐身性的发展方向，在以后的战场中，导弹会变得越来越"聪明"。

第 **5** 章 另类轰炸机

—— 巡航导弹

你知道吗？

　　最早的巡航导弹就是德国在二战中发射的 V-1 导弹。自巡航导弹初登历史舞台，就扮演着重要的角色，在海湾战争中，"战斧"巡航导弹有力地证明了这一点。巡航导弹具有射程远、杀伤力强、精度高、一弹多用、发射方式灵活和突防能力强等战术特点，同时还具有较高的经济效益。如今，巡航导弹已成为一个国家国防实力的重要标志，就我国而言，我国具有发展巡航导弹的技术研制基础，同时也有发展巡航导弹的战略和战术紧迫性。

5.1 什么是巡航导弹

　　巡航导弹是导弹的一种，主要以巡航状态在稠密大气层内飞行的导弹，人们在以前也称其为飞航式导弹（见图 5-1）。那么巡航状态是什么呢？巡航状态主要是指导弹在火箭助推器加速之后，主发动机所产生的推力与导弹行进过程中所遇到的阻力相互平衡，弹翼所受到的升力与导弹自身的重力相互平衡，使得导弹可以以恒定的速度、相同的高度飞行。而且在这种状态下，单位航程的耗油量最少。巡航导弹的飞行弹道通常是由起飞爬升段、巡航（水平飞行）段和俯冲段组成。它依靠喷气发动机的推力和弹翼的气动升力，进行飞行。巡航导弹在携带核弹头时还可以由飞机或是潜艇发射，也是核三位一体的重要补充。

图5-1 美国"战斧"巡航导弹（两侧有弹翼）

如图 5-1 所示，在巡航导弹的两侧会有类似于机翼的结构，人们称这个结构为弹翼。为什么有的导弹没有弹翼（见图 5-2），而巡航导弹两侧就会有弹翼呢？主要是因为巡航导弹可以通过宽大的弹翼在飞行过程中获得升力，各个活动舵面的调整改变飞行姿态，类似飞机。

5.2 巡航导弹的发展历史

巡航导弹（导弹）的出现源于人们希望能够远距离（超视距）对目标实施精确打击这一愿望。莱特兄弟成功制成飞机以来，使用无人

图 5-2 "三叉戟"潜射弹道导弹
（两侧没有弹翼）

驾驶的航空器来远距离投送炸药、摧毁目标就成为人们实现愿望的最佳选择，然而使用无人驾驶的航空器远距离投送炸药时，不是航空器只要朝目标方向飞去就能打到目标的，这涉及航空器能不能飞行一定的距离（射程），飞行的过程中是否会被对方拦截（生存性），更为重要的是航空器长距离飞行后还能不能打中目标（精度）。因此巡航导弹相关技术几乎就是围绕这三个方面来发展的。

第二次世界大战末期，德国首先研制成功 V-1 导弹（世界上首枚巡航导弹，采用简易的制导方式，见第 4 章），用于袭击英国、荷兰和比利时。另外，在第二次世界大战，日本为了获得对抗盟军的战术优势，诉诸利用携带炸弹的常规飞机实施自杀式攻击的神风特别攻击队，以及同样实施自杀攻击的有人驾驶的火箭发动机的 MXY-7 樱花特别攻击机，虽然是以有人驾驶来确保命中精度，这两种航空器仍可算作是精确巡航导弹的另一种早期前身。二战结束后，美国和苏联等国家都着手研制巡航导弹。美国首先研制了"斗牛士""鲨蛇"等地地巡航导弹，随后又研制"天狮星"舰载巡航导弹、"大猎犬"机载巡航导弹等十几种型号的导弹。这些巡航导弹多采用惯性制导、遥控式制导，以及天体制导等方式，射击误差大，并且体积大，飞行速度慢，机动性差，易被拦截，多数在 20 世纪 50 年代末被淘汰。

图 5-3 所示为美军的"斗牛士"导弹，是美军第一枚实用的地地巡航导弹，其设计思想借鉴了 V-1 导弹。该导弹射击误差达数百米，射程约 1000 千米，巡航速度约为马赫数 0.9（航空上常用马赫数表示速度，马赫数 1 即 1 倍声速）。

图 5-3 "斗牛士"导弹利用火箭助推加速

20世纪70年代，光电技术、微电子技术等各种新技术不断出现，新技术也被用在诞生不久的巡航导弹上，包括效率高成本低的小型涡轮风扇发动机、先进的微电子制导技术、新的高能合成燃料、小型化的高威力核弹头以及常规弹头、低雷达截面积的弹体隐身技术等。这些技术的综合运用催生出一大批先进的巡航导弹，巡航导弹从早期的粗大、笨重变得轻便、灵巧，而且命中精度从之前的千米级缩小为十米级甚至米级，命中精度提高了100倍以上。

20世纪80年代后期，美国研制成功大名鼎鼎的"战斧"巡航导弹，可在多种发射平台上发射。在1991年海湾战争期间，美国大量使用了"战斧"（对陆攻击）巡航导弹，这种巡航导弹是配有末端制导的，同时这种型号的巡航导弹采用惯性制导和等高线地形匹配修正积累误差，对伊拉克目标进行前所未有的精确打击，极大地震撼了各国军方的神经，并极大颠覆了那些早期对巡航导弹毫不重视的国家的"战争"观念，人们开始认识到精准高效的武器系统成为影响战争结果的重要因素。

经过几十年的发展，导弹从当初单一的地地导弹演变为地空、舰空、空地等许多类型的导弹，而且导弹的射程也从几十千米发展到一万多千米。目前，世界各大国军队的主战武器都已实行了导弹化，出现了一批世界闻名的导弹，例如美国的"爱国者""鱼叉"、俄罗斯的"日炙"以及以色列的"箭式"等。在海湾战争、科索沃战争以及阿富汗战争、伊拉克战争中，各种类型的导弹都大显身手。

中国远程巡航导弹的研制开始于20世纪70年代末，经过一代又一代科技人员的研制，完成了研制巡航导弹的技术积累，1992年开始实战测试"红鸟一号"巡航导弹，并改进出"红鸟二号""红鸟三号"，21世纪初我国装备了"DF-10"巡航导弹，在2015年9月3日的阅兵式上又展示了新型巡航导弹"DF-10A"（被称为中国军队实施精打要害、克敌制胜的"撒手锏"）。

图 5-4 我国自主研制的"DF-10A"巡航导弹（又称长剑-10A）

5.3 形形色色的巡航导弹

5.3.1 根据作战使命分类

（1）战略型巡航导弹。战略型巡航导弹主要是用于打击战略目标的导弹，能够影响整个战局。通常用于打击政治和经济中心、军事和工业基地、核武器库、交通枢纽等目标，以及拦截来袭的战略型导弹。

（2）战术型巡航导弹。战术型巡航导弹用于毁伤战役战术目标，影响战役结果。其射程通常在 1000 千米以内，多属近程导弹。它主要用于打击敌方战役战术纵深内的核袭击兵器、集结的部队、坦克、飞机、舰船、雷达、指挥所等目标。这些导弹采用的动力装置现在主要是使用固体燃料的火箭发动机。战术导弹的弹头（战斗部）有普通装药弹头、核弹头等。

5.3.2 根据巡航导弹的速度分类

（1）极声速巡航导弹。极声速巡航导弹以超过 5 倍声速的速度飞行。

（2）超声速巡航导弹。这些巡航导弹的飞行速度都超过声速，多半使用的是冲压发动机，射程多在 100 ～ 200 千米，当然有一部分巡航导弹的射程会更长一些，而这些巡航导弹的导引系统则各有不同。

（3）远程亚声速巡航导弹。远程亚声速巡航导弹是一种巡航导弹的常用类型。此种巡航导弹刚开始的时候是由美国及苏联开发的。这种巡航导弹射程超过 1000 千米，时速约 800 千米。一般来说此类型的巡航导弹重 1500 千克。它们通常是可以装载传统弹头和核弹头的。

（4）中程亚声速巡航导弹。中程亚声速巡航导弹与远程亚声速巡航导弹相比，有同等质量、面积及速度，只是在射程上有所不同，通常射程少于 1000 千米，所对应的导引系统也是各有不同。

（5）短程巡航导弹。短程巡航导弹重约 500 千克，射程范围为 70 ～ 300 千米。对应的飞行速度为亚声速，导引系统，与大型巡航导弹相比，较为简单。实际上，"巡弋"这两个字有的时候并不太适用于这一类巡航导弹上。短程巡航导弹的作用类似于常见的反舰导弹。

5.4 飞得远的秘密

巡航导弹能够飞得远是因为导弹飞向目标的过程采取了巡航的状态，这种飞行方式是最省"油"的。然而导弹能采用巡航状态飞行，这还不够，巡航导弹飞得远是有一个大前提的，这就是要保证打击精度。飞得再远，打不中目标，这样的巡航导弹是不合格的。下面从典型巡航导弹的结构组成，以及工作原理来揭示巡航导弹能飞得远的秘密。

5.4.1 巡航导弹的结构

巡航导弹一般包括四大结构，分别是弹头、空气动力学结构、动力装置，以及制导系统。

（1）弹头。大部分巡航导弹都可搭载至少 500 千克的常规弹头，携带这样弹头的巡航导弹足以用来击沉一般的军用舰船，或是毁坏弹药库。有些巡航导弹则能搭载核弹头，成为核三位一体的重要补充。

（2）空气动力学结构。巡航导弹飞行的空气动力学结构与飞机非常相似，包括对弹翼的使用。

（3）动力装置。大多数巡航导弹使用喷气式发动机，这其中又以涡轮风扇发动机最为普遍，原因在于其较高的燃料效率。

（4）制导系统。最早的一个被广泛运用的低成本方法是使用雷达测高计、气压测高计、计时器和电子地图来导航（例如德国的 V-1 导弹，见第 4 章）。芯片、计算机技术出现以后，巡航导弹则加入了基于新技术的地形匹配制导系统 (TERCOM) 及景像匹配制导系统（DSMAC）等装置，与早期型号的巡航导弹相比，新技术使得巡航导弹提高了相当大的命中精度。时至今日，21 世纪的大多数型号的巡航导弹则使用的是卫星导航系统。有些系统目前使用卫星导航系统或惯性导航系统，不过这些方式实质上是比较贵，而且比起以地图为基础的系统（地形匹配导航系统）更精确一些，此外，巡航导弹并不仅靠一种体制的制导系统，多采用复合式的制导方式。为进一步提高命中精度，巡航导弹上一般会装有弹道末端制导系统。

动力装置

弹翼

制导系统

弹头

图 5-5 先进的制导技术确保"战斧"巡航导弹"千里奔袭"后仍能准确命中目标

5.4.2 巡航导弹的工作原理

巡航导弹依靠喷气发动机的推力和弹翼的气动升力、以巡航状态在稠密大气层内飞行。巡航导弹是如何达到巡航状态的呢？巡航导弹在由火箭助推器加速后，火箭助推器分离，主发动机工作，使导弹继续加速最终达到主发动机的推力与导弹受到的阻力平衡，弹翼的升力与重力平衡，以近于恒速、等高度飞行的状态。在这种状态下，单位航程的耗油量最少。其飞行弹道通常由起飞爬升段、巡航（水平飞行）段和俯冲段组成。从陆地、水面或水下发射的巡航导弹，由助推器推动导弹起飞，随后助推器脱落，主发动机（巡航发动机）起动，以巡航速度进行水平飞行，采用惯性制导，或地形匹配制导，或 GPS 制导，或景象匹配制导等（或几种方式的组合）作为中段制导方式以确保巡航导弹沿着预定轨迹接近目标区域。当接近目标区域时，可由末端制导系统（例如雷达寻的制导）导引导弹，俯冲攻击目标。从空中发射的巡航导弹，投放后下滑一定时间，发动机起动，开始自控飞行，然后攻击目标。

5.5 了解巡航导弹的特点

5.5.1 优点

首先，巡航导弹体积小，质量轻，便于各种平台携带，潜艇、舰艇、飞机、汽车都是巡航导弹可选的发射平台。

其次，巡航导弹的射程远，飞行高度低，攻击突然性大。例如，"战斧"巡航导弹射程最远达 2500 千米，最短为 450 千米，均在敌火力网外发射，因此发射平台很难被对方发现。导弹在海面飞行高度 7 ~ 15 米，平坦陆地为 50 米以下，山区和丘陵地带为 100 米以下，基本是随地形的起伏而不断改变飞行高度，而这一高度又都在对方雷达盲区之内，所以也很难被对方发现，极易造成攻击的突然性。另外，导弹采取有效隐身措施后，其雷达反射截面积仅为 0.02 ~ 0.1 米^2，相当于一只小海鸥的反射面积。新一代巡航导弹在雷达荧光屏上更是只有针尖大小的一个目标光点，很难被探测到。

第三，巡航导弹的命中精度高，摧毁能力强。射程 2500 ~ 3000 千米的巡航导弹，命中误差不大于 60 米，精度好的可达 10 ~ 30 米，基本具有打击点状硬目标的能力。携带常规弹头的巡航导弹可摧毁坚固的地面目标，也能用子母弹杀伤和摧毁面状目标。携带 20 万吨 TNT 当量核弹头的巡航导弹由于命中精度高，一般比弹道导弹的作战效能高 3 ~ 4 倍。

5.5.2 缺点

巡航导弹的缺点主要与其采用的制导控制系统有关。例如，采用地形匹配制导巡航导弹上计算机系统内输入的地貌数据信息（从空间获得经处理后的地貌照片）精度不高，难以保障导弹对小丘陵等绕障飞行；采用 GPS 制导时，GPS 装置就特别容易受到干扰，伊拉克战争中，美军的巡航导弹装备的 GPS 装置多次受到干扰，导致误伤事故。此外，巡航导弹巡航飞行速度慢，飞行高度低，其弹道呈直线，航线由程序设定，无机动自由，在目标区域巡航导弹无垂直机动，又恰好在轻武器火力网之内，所以很易遭枪弹等非制导常规兵器的拦击，海湾战争中美军发射的"战斧"巡航导弹有的就被伊拉克军队用常规兵器击毁。

5.6 展望未来

基于先进的制导控制技术，巡航导弹能够实现在长距离的飞行后仍能有效杀伤目标，但是其飞行时间长、飞行速度还不够快及机动性能差，这些不足使得巡航导弹无法对抗更先进的拦截系统。因此，随着高新技术的发展，未来巡航导弹除了进一步增加射程、提高命中精度、缩短任务规划时间、增强攻击目标选择能力以外，提高突防能力成为其重要的发展方向。例如，采用新型发动机和高能高密度燃料，大幅度增加射程；将采用新的制导技术；研制隐身性能更好的巡航导弹，使敌方防御系统进行探测和跟踪更加困难，从而进一步提高突防能力；发展超声速和高超声速巡航导弹，提高突防能力和快速打击能力；采用新的计算机算法和建立导弹之间的通信链路，使得巡航导弹能够"抱团"——能够在飞行中利用通信链路交换数据，实时规划预攻击目标，如预定目标已被其他导弹摧毁，能够重新选择航线攻击备选的目标，从而显著增强作战效能；缩短发射时间，能够在短时间内发射大量的巡航导弹，实现对目标的饱和打击，面对敌方的拦截网，总有漏网之"鱼"打中目标。

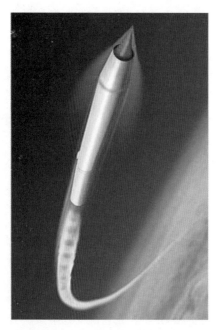

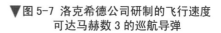

◀ 图 5-6 美国提出的快斧式高超声速巡航导弹（Fasthakw Cruise Missile）计划

▼ 图 5-7 洛克希德公司研制的飞行速度可达马赫数 3 的巡航导弹

第 6 章 舰船杀手
——反舰导弹

你知道吗？

反舰导弹是指从舰艇、岸上或飞机上发射，攻击水面舰船的导弹。常采用半穿甲爆破型战斗部；固体火箭发动机为动力装置；采用自主式制导、自控飞行，当导弹进入目标区，导引头自动搜索、捕捉和攻击目标。反舰导弹多次用于现代战争，在现代海战中发挥了重要作用。反舰导弹发展到近代，已经可以从多种型态的载具上使用，包括从各类飞行器上发射的空射型，由地面发射的陆射型，由水面舰艇使用的舰射型以及自潜艇发射的潜射型。

6.1 从 DF-21D 反舰导弹说起

说起反舰导弹，首先得提起我国自主研发的被称为航母杀手的 DF-21D 反舰导弹。在 2015 年 9 月 3 日，中国人民抗日战争胜利 70 周年暨世界反法西斯战争胜利 70 周年阅兵式上，该型号反舰导弹公开露面，并接受了人民的检阅，其是我国科研人员经过不断突破技术难关取得的成果。中国的 DF-21D 反舰导弹是当我国领土完整受到外国航空母舰（简称航母）等海上舰船的威胁时予以打击的"重器"，也是世界上第一种反舰弹道导弹，其可有效打击海上的航空母舰，现已部署服役，该型号反舰导弹被外界称为"航母杀手"。

图 6-1 我国自主研制的 DF-21D 反舰导弹

在美国军方和智库的眼里，DF-21D反舰导弹是可以削弱美军航母优势地位的一种的战略利器，它能突破严密的防御网，对远在数千千米之外的、移动中的美军航母发动精确打击。有俄罗斯媒体报道称中国最新型的DF-21D除了能够摧毁航母，其装配到移动发射装置上的改进型，甚至能摧毁敌方部署在近太空的卫星。

6.2 进击的反舰导弹

第一次正式使用反舰导弹是在第二次世界大战末期，德国在1943年利用轰炸机投掷Fritz X导弹来攻击盟军的舰艇。

盟军1943年9月在萨勒诺登陆时，一枚Fritz X击中了美国海军"大草原"号轻型巡洋舰，近200名水手因此丧命，该巡洋舰也在船厂里进行了12个月的大修。

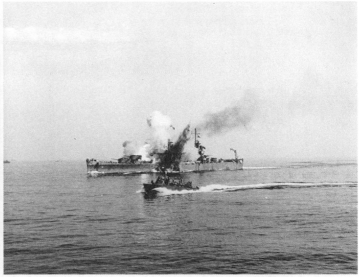

图6-2 世界上第一枚反舰导弹Fritz X以及被Fritz X击中的"大草原"号

此后不久，英国海军的"伊丽莎白女王"级"怨战"号战列舰也遭到了数枚Fritz X的重创。1943年9月9日，在意大利宣布投降并退出德意轴心国的第二天，德国12架DO-217轰炸机携带Fritz X，在地中海对正准备向盟军投降的意大利海军主力战列舰"罗马"号发起了攻击。两枚Fritz X引爆了弹药库，完全摧毁了这艘4.2万吨的战列舰，包括舰队司令伯冈明尼上将在内的1600余名官兵全部葬身海底。

从飞行在数百米高空的飞机上投掷下的弹药为何能屡屡准确命中目标？这是因为Fritz X采用了无线电遥控制导的控制方式，当轰炸机飞临目标上空后投掷出Fritz X，机上的人员通过无线电遥控导弹落向目标。

另外在太平洋战场上，由于日军面对美军舰队的压倒性优势而穷于应付，遂发动了能以小博大、以寡击众的"玉碎"（驾驶员驾驶撞击目标，实施自杀攻击）战术，并开发了由一式陆上攻击机挂载的 MXY-7 樱花特别攻击机应战，而日军樱花自杀攻击机的用途就像今日的反舰导弹。

图 6-3 MXY-7 樱花特别攻击机

前面提到的反舰武器离不开人，在 20 世纪六七十年代，微电子技术迅速发展以后，反舰导弹才渐渐具备"发射后不管"的性能，并在战场上大显身手。

以主动雷达导引设计的反舰导弹第一次成功使用是 1967 年，在这年的埃及与以色列武装冲突中，由埃及发射苏联制造与提供的"冥河"导弹，击沉了以色列的驱逐舰"艾略特"号。后来以色列吸取了上次战役的惨痛教训，开发了毒蜂级导弹快艇和可在其上搭载的"天使"导弹，以其人之道还治其人之身，有效打击了埃及海上力量。

1982 年英国和阿根廷爆发了马岛战争，阿根廷使用了法制"飞鱼"导弹从"超级军旗"攻击机上发射，击沉了英国皇家海军的"谢菲尔德"号驱逐舰，一度影响了英军士气（仅数十万美元的导弹成功摧毁了造价两亿美元的舰船）；但阿根廷整体实力终究不如英军，最后难挽回战败的结局。

图 6-4 被"飞鱼"导弹击中后的"谢菲尔德"号驱逐舰

在两伊战争期间，伊拉克和伊朗曾大量使用反舰导弹攻击波斯湾上的钻井平台、油轮和美军护航舰队，企图借由攻击对方的石油储备和输出影响战争局势。

6.3 反舰导弹一二三

6.3.1 反舰导弹的分类

反舰导弹的分类有不同的分类标准。按发射方式：空射反舰导弹、陆射反舰导弹、舰射反舰导弹和潜射反舰导弹；按制导系统：寻的制导、惯性制导、GPS 制导和复合制导；按战斗部类型：聚能爆破型、半穿甲爆破型和半穿甲"多 P 装药型"。

图 6-5 反舰导弹在不同平台上发射

6.3.2 反舰导弹的构成

反舰导弹一般由 3 个主要的部分组成，分别是弹头段，导引段，推进段。

（1）弹头段。弹头也称战斗部，是提供破坏力的主要来源。战斗部根据杀伤方式的不同分为两类：半穿甲型战斗部、爆破型战斗部。

半穿甲型战斗部的最前端一般采用钝形的高硬度钢制成，采用延时引信，在导弹击中目标后，弹头前面的钝形钢可以撕裂舰体，等待导弹的战斗部完全进入船体之后，延时引信起爆。这种战斗部对舰体内部的杀伤效果非常理想，爆炸产生的巨大气压会导致船体结构受到严重损坏，被击中船只即使不会立即沉没，也要经过长期而又繁复的修理工作才有可能恢复战斗力。

爆炸式战斗部一般采用接触即爆或者预设炸高，爆炸之后往往伴随着大量的破片，对甲板上的人员和精密的雷达天线具有非常好杀伤效果，不过对舰体本身的杀伤并不严重，即一般不致使舰只失去航行能力甚至沉没。一般来讲，弹头质量愈大的导弹破坏力愈大，但也会严重限制可以发射的载具大小。

（2）制导段。该段是协助导弹追踪目标和进行控制的部分，常见的反舰导弹制导方式包括主动雷达导引与红外线导引等。

根据所采用的制导方式的不同，反舰导弹也具有不同的弹道。早期的无线电制导导弹在发射之后受到发射者的无线电指令的引导，调整弹道，攻击目标，一般弹道比较简单，但是抗干扰能力较差，只要在制导的无线电波段上进行干扰，导弹便几乎无法命中目标。

主动雷达制导的的导弹的弹道一般由计算机根据弹上的电子海区图预设，发射之后一般先爬升到经济飞行高度，以一定的速度飞行，当接近目标时，弹上的雷达开机，锁定目标，同时导弹进入攻击状态。攻击状态的弹道有两种，一种是导弹降低到海面 10 米以下飞行，躲避对方雷达的侦测和防空导弹的拦截，同时加速，直至命中；还有一种是导弹先降低高速，在距离目标 5 千米左右的距离时突然爬升至距海面几百米的目标上空，然后突然掉转向下以接近垂直的角度加速俯冲，这种末端弹道利用大多数军舰的防卫武器的盲区在头顶的特点，攻击成功率较高。

（3）推进段。推进段提供导弹飞行的动力与改变航向与姿态的能力，常见的推进方式分为火箭发动机和涡轮发动机两种。

火箭发动机是反舰导弹最初的形态的发动机，在动力舱内预置氧化剂和还原剂，发动机工作不依赖外部的空气。这种发动机的的优点是具有较好的加速性能，很容易达到超声速，一般采用这种发动机的导弹全程平均速度较高，但是由于火箭燃料技术的限制，这种动力舱的价格非常昂贵，且体积巨大，一般的中近程、中小威力的反舰导弹不适于采用。目前，采用这种推进方式的导弹集中于俄罗斯生产的远程、超声速、重型反舰导弹中（这种导弹是冷战时期苏联对抗美国航母的专用导弹）。

涡轮发动机的原理与喷气式飞机上的涡轮发动机原理相似，有涡轮风扇发动机和涡轮喷气发动机两种。这种动力段内只携带燃料，化学反应中的氧化剂由外界的空气中的氧气提供，所以采用这种发动机的导弹一般有明显的进气口。由于对空气的依赖和加速性能上的不足，一般这种发动机的导弹不具备超声速能力。涡轮发动机最值得称道的是飞行的经济性和稳定性，这使得这种动力段能够帮助导弹以相对较小的体积飞行较长的距离，同时在飞行过程中也便于制导和控制。北约国家生产的反舰导弹一般采用涡轮发动机。

舰射和潜射的反舰导弹一般同时采用两种发动机，如在初始阶段使用火箭发动机使导弹在短时间内获得较大的初速度，待火箭发动机停机后起动涡轮发动机进行巡航，可以实现长距离的飞行。

6.3.3 反舰导弹的攻击战术

反舰导弹的制导方式不同，所采用的弹道也往往不同，因此攻击目标时采用的方式有多种，反舰导弹的飞行弹道分为高空、低空和掠海巡航；突防技术有超视距攻击、掠海超低空突防、多变导弹技术、超声速攻击突防和电子突防技术，除此之外还有其他突防战术，比如饱和、协同、静默和引导攻击突防。在战术使用特点中的探测与跟踪装置是由舰载探测设备进行探测与跟踪，对于远距离目标（即超视距目标）则由飞机或直升机负责探测。探测设备主要包括雷达、声呐、海军战术数据系统（NTDS）和电子对抗系统等。

图 6-6 展示了三种常见的反舰（巡航）导弹攻击舰船目标的飞行弹道，即高空、低空和掠海巡航。反舰导弹在发射后（空射／潜射／舰射），采取相应的机动动作（爬高／降高）进入一种飞行弹道。采取高空巡航弹道时，反舰导弹可在飞行一定距离后降高、掠海飞行接近目标，也可以在目标上空直接俯冲攻击目标。就低空巡航弹道而言，反舰导弹在到达目标附近后会末端跃升，对目标实施从顶部的打击。还有就是掠海巡航弹道，有的反舰导弹在采取这种弹道接近目标后还会再次降高攻击，采取这种弹道使得反舰导弹很难被舰船雷达发现。

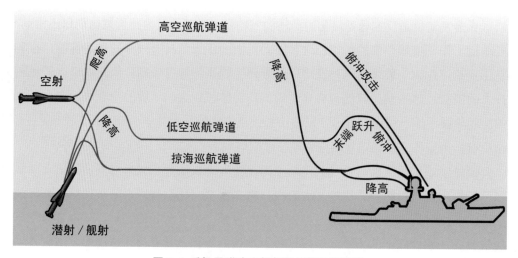

图 6-6 反舰导弹攻击舰船目标的飞行弹道

目前，在反舰武器系统的大家庭里，弹道导弹也开始崭露头角，凭借极高的末端攻击速度、难以被拦截，弹道导弹打击舰船目标的优势十分明显，我国自主研发的中程反舰弹道导弹 DF-21D 就是世界上第一枚反舰弹道导弹。图 6-7 展示了反舰弹道导弹攻击舰船目标的示意图。弹道导弹的攻击误差一般较大，因此会采取一定的制导方式，引导弹头在下降段中实施机动变轨从而准确命中目标。

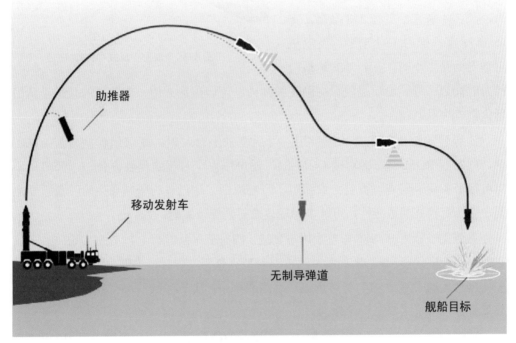

图 6-7 反舰弹道导弹攻击舰船目标

6.4 典型反舰导弹——"鱼叉"

"鱼叉" 导弹是麦道公司（现被波音公司收购）为美国海军研制的一种全天候、高亚声速、中程多用途反舰导弹，又名"捕鲸叉"导弹。"捕鲸叉"导弹 —— 是利用空中兵力投射的反舰导弹，像猎鲸用的"捕鲸叉"一样，快速准确的打击舰船。

它的弹体部分呈圆柱形，头部为卵圆形，采用铝合金机构，弹体中部和尾部有呈 X 形配置的弹翼与控制尾翼，它们在同一流线上，尾翼旋转角达 ±30°。弹翼与尾翼有可折叠与不可折叠两种，当发射箱较小时采用可折叠式。对于制导系统部分，制导与控制系统包括末制导雷达寻的头、中段捷联惯性制导装置、雷达高度表以及发射天线、接收天线、机电驱动的尾翼控制执行机构等，它们大都位于弹体头部的制导舱内。战斗部采用半穿甲爆破型，重约 230 千克，外形呈圆柱形，直径 34 厘

米，长90厘米，内装90千克炸药，
战斗部壳体是钢制的，有延时触发引
信和近炸引信两种，战斗部与引信位
于制导舱后的战斗部舱内。采用涡轮
喷气发动机，燃料为JP-5，燃料箱与
发动机布置在战斗部舱后的发动机舱
内，长784毫米，直径318毫米，重
45.36千克，推力2.94千牛，发动机
工作寿命是1小时，从起动到达最大

图6-8 "鱼叉"反舰导弹

推力时间为7秒。由于进气口隐藏在弹体内，使得搬运方便，更重要的是适于从潜
艇鱼雷管中发射。

该导弹的特点首先是一弹多用，可从多种平台发射。既可用作空对舰 AGM-
84、舰对舰 RGM-84、潜对舰 UGM-84，还可用作岸对舰的反舰导弹，一弹多用不
但可以节省研制经费，而且大大缩短了研制周期，这已成为研制导弹的一条重要原
则。它还有较强的适应性，可从多种现役发射装置上发射。

"鱼叉"导弹于1986年首次用于实战，当时美军从航母上起飞的 A-6E 攻击机，
在距利比亚巡逻艇30千米处发射两枚空射型"鱼叉"导弹，当即击沉了利比亚300
多吨排水量的"战士-1"号巡逻艇。海湾战争中，美军参战的所有舰艇、潜艇和作
战飞机都装备了"鱼叉"导弹。

1986年3月23日至25日在美国对利比亚的战争中，在锡德拉湾美军用5枚"鱼
叉"导弹击沉利比亚3艘巡逻艇和1艘苏制纳奴契卡级轻型护卫舰。

在1991年年初的海湾战争中，沙特阿拉伯海军在波斯湾发射1枚"鱼叉"导
弹 (RGM-84)，击毁1艘伊拉克在波
斯湾北部海面的布雷艇。

然而毕竟是30年的"老兵"，
"鱼叉"的弱点日益显露，一是射
程不够远，负载机距敌舰太近；二
是打击力不够强，对于大型舰船难
以击沉；三是反干扰性能不足，敌
舰船用箔条弹能降低"鱼叉"导弹
的命中率；四是速度慢，容易被防
空导弹及快速小口径火炮击中。

图 6-9 波音公司设计新一代"鱼叉"反舰导弹

6.5 展望未来

　　总的来说，反舰导弹的发展趋势主要在以下几个方面。第一，采用超声速飞行技术提高快速反应能力，这可以使敌舰反导系统效能急剧下降，而且超声速碰撞的动能破坏效果更佳。第二，采用隐身技术，实现隐蔽突防，常见的隐身方法是在导弹上涂上吸波材料以及采用低红外辐射发动机。第三，大力发展复合制导技术，提高抗干扰能力。常见的是采用雷达，激光，红外复合制导技术，采用微波主动雷达，毫米波主动雷达，红外成像等制导方式。第四，对现有的型号进行改进，实现多用途。一般我们采用多种引信，增加引爆种类，对现有型号进行改进，相比研发全新型号来说好处是降低研发成本，稳定性较好。

　　在全球化这个大的格局下大规模战争是不可能发生的，最有可能发生的是局部战争。对于中国来说最有可能发生的是局部海上战争。对于中国来说不能局限于近海防御，中国海军必须要走出去，必须要具备远洋作战的能力，这是中国经济在世界影响力扩大的要求。中国海军必须要有能力维护我国的远洋利益，反舰导弹作为一种海上作战的武器对于我国来说是十分重要的。

第 7 章 飞行的指挥所
—— 预警机

你知道吗？

　　随着时代的进步以及各国军事装备的不断增强，现代化的战争已经越来越倚重科技的力量，拥有更加先进军事装备、科学技术的一方更容易取得胜利。"知己知彼百战不殆"这一经验经过数千年间大大小小战争的检验，今天更显重要，战场上信息获取的速度以及精确程度将会在很大程度上影响战争的走向。出现在二战后期的预警机，正是先人总结出的经验与现代科技融合的结果，经过几十年的发展，预警机已经逐渐能胜任多项作战使命，是现代战争的指挥官。

7.1 初识预警机

　　预警机即空中指挥预警飞机，是指拥有整套远程警戒雷达系统，用于搜索、监视空中或海上目标，指挥并引导己方飞机执行作战任务的飞机。它集情报探测、指挥控制及导航、电子对抗、信息传输于一体，是现代空中作战体系的核心。以下各图（见图 7-1、7-2）分别是一些具有代表性的预警机，从外形上来看，预警机的显著特点就是飞机背上有个"大家伙"，或是机身上有块"肿块"。

图 7-1 中国空警 2000 预警机

以色列"费尔康"　英国"皇家哨兵"

美国 E-3　俄罗斯 A-50

图 7-2 各类预警机

7.2 预警机出现与发展

一战时期，随着飞机技术的提高以及人们对敌方情报快速获取的企盼，饱受德国人的空袭的英国人，首先发明并应用了雷达，用于防空和搜索目标；二战时期雷达已经广泛投入战场。太平洋战场上美国与日本在海上展开厮杀，日军飞机采用低空高速飞行的方式来对美国航空母舰战斗群发起突然袭击，给美军造成了严重的威胁。为了提早发现来袭的日军飞机，美国海军需要探测距离更远的雷达。

7.2.1 军舰需要一双千里眼

军舰是在海上执行战斗任务的舰艇，在海上作战中是不可或缺的战斗力。可是，现代海战的原则是以空制海，当军舰遭遇到了敌方的战机，军舰是处于完全劣势的，哪怕你的防空能力再强。这是为什么呢？

首先，因为飞机在速度和机动力上有巨大的优势，这给飞机带来了极大的主动权，它可以选择进攻和撤退，也可以选择躲避。可是军舰呢？它相对于飞机那几乎为 0 的速度，只能原地挨打。飞机在高度和速度上的优势，使得飞机在进攻的武器方面也具有极大的优势，一个显著的体现就是空射反舰导弹（飞机发射的导弹）的射程大大高于舰空导弹（舰船发射的导弹）。飞机发射的导弹拥有更大的初速度，拥有初始高度可以滑翔，去攻击的仅仅是一个只有几十千米时速的大型目标。相反，军舰发射的对空导弹则需要从很慢的速度开始加速，需要自己爬升，而且要攻击一个时速几百甚至上千千米的高速小目标，难度可想而知。

为了使军舰及早地对敌方的战机采取相应的措施，军舰上都会配置雷达，可是，地球是圆的，在一定的距离之外，就会处于地平线以下，你看不见任何东西，军舰上的雷达天线发射的电磁波无法到达，那么自然也就是雷达的盲区。现代军舰上的雷达，哪怕强大如美国海军宙斯盾系统的 SPY-1，对海面目标的探测也只有几十千米。原因就在于上面说的地平线外的盲区。这也就是许多战例中战斗机或是导弹采用低空掠海飞行接近军舰并展开攻击的方式屡屡得手的原因。

图 7-3 中所示雷达波是直线传播（红线表示）的，而地球表面却是弯曲的，从图中可以看出当飞机在贴近海面（或地面）飞行时，就不在雷达探测范围内了。

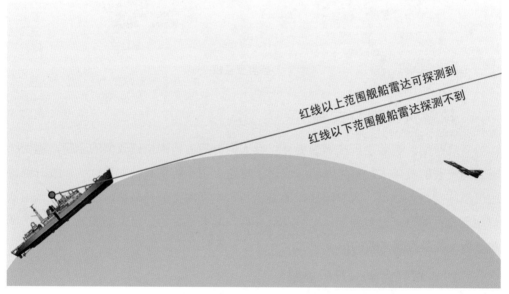

图 7-3 地球的表面对舰船雷达探测距离的影响

那么，军舰上雷达的探测距离有多远呢？其实，雷达的探测距离可以用雷达的通视距离公式来描述：

$$D = 4.12\left(\sqrt{h_1} + \sqrt{h_2}\right)$$

其中 D 是雷达的探测距离（千米）；h_1 是敌方高度（米）；h_2 是己方雷达高度（米）。

7.2.2　将雷达搬上天空

由雷达的通视距离公式也可以看出，要想探测得远，就得把己方的雷达摆得更高，正印证了我国古人所说的一句话："欲穷千里目，更上一层楼"。为什么现代战舰在重心允许的情况下都尽量把雷达放得更高，有的甚至直接把雷达放在桅杆顶上。就是为了尽可能增大对低空以及海面目标的探测距离。

但是军舰的高度这显然还是远远不够的，那么，终极解决办法是什么呢？只有将雷达搬上飞机。这就产生了预警机，有了预警机，雷达可以轻易提高到几千米甚至万米的高度，这样对低空和海面目标的探测能力就有了数量级的提高。

于是美国海军委托麻省理工学院辐射实验室制造一种可在飞机上使用的雷达系统，通过改装 TBM-3 "复仇者"轰炸机，美国制成了世界上第一架预警机 TBM-3W。

这幅图片（见图 7-4）就是当时的第一架预警机——美国海军的 TBM-3W 舰载雷达警戒机，在鱼雷机上安装雷达和数据传送装置，由飞机和简单的搜索雷达组合而成警戒雷达系统。

图 7-4 TBM-3W

由于当时科学技术的限制，早期预警机的侦察范围及指挥作战等能力还不能满足实战需求。随着科学技术，尤其是雷达探测技术和信息处理技术的发展，预警机的功能也在不断提高。从第一架预警机出现以来，越来越多的国家看到了预警机在军事战争中的重要作用，相继研发了自己的主战机型。如今，配备有最先进雷达技术的预警机已经能够在实战中发挥探测目标、情报处理、指挥控制等功能，并在多次局部战争中充分显示了自身的实战价值。1982 年 6 月的中东战争中，以色列空军使用 E-2C 预警机引导己方飞机，袭击叙利亚军队驻贝卡谷地的防空导弹阵地，并进行空战。结果叙军 19 个导弹连被毁，约 80 架飞机被击落，而以方无一损失。在 1991 年的海湾战争中，E-2C 和 E-3A 预警机为以美军为首的多国部队赢得胜利，发挥了重要作用。

图 7-5 E-2C 预警机

7.2.3 航母的标配

航母是携带作战飞机的军舰，自然也可以搭载预警机，特别是飞得高看得远的固定翼预警机，这就使航母编队在战场信息掌控能力上有了飞跃性的提升。

有了航母和预警机的完美配合，在远洋作战中，如果使用航母战斗群，即搭载有预警机以及其他战机的航母，再和其他军舰一起组成的战斗群，就具备了极强的远距离探测能力和攻击能力，同时拥有以空制海的绝对优势，海上战斗力将是无法估量的。

7.3 预警机的"心脏"——相控阵雷达

英国人首先发明了雷达，随着科学技术的进步，雷达也发生了翻天覆地的变化，而从外观来看，变化主要体现在其体积以及载体。雷达的体积越来越大，带来工作面广度的不断提升；而其载体也由人改为了车载，机载等。

图 7-6 早期的雷达靠人的耳朵

图 7-7 无线电技术使雷达实用

随着微电子技术和计算机技术的发展，为了解决对外空目标的监视问题，相控阵雷达应运而生。它的出现，让预警机如虎添翼。

相控阵雷达，又称作相位阵列雷达，第一代相控阵雷达诞生于第一次世界大战期间，但是由于当时技术水平所限，该雷达又重又笨，因此在相当长的时期内，未被推广应用。20 世纪 60 年代到 80 年代，由于国防的需要，科学家们在相控阵雷达上投入了大量的精力，在理论和技术上也取得了一系列的重要进步，各种型号的相控阵雷达也相继问世。

先来看看雷达探测物体的原理。雷达的工作原理同自然界中蝙蝠感知物体的原理很相似。众所周知，蝙蝠发出超声波（红色表示），经过物体反弹回来（蓝色表示），蝙蝠便感知到了物体的方向和距离，而雷达只是采用了另外一种波（电磁波），同样经过物体反弹回来，通过对回波进行分析，得到物体的方向和距离等信息，如图 7-8 所示。

图 7-8 蝙蝠利用声波探测，雷达利用电磁波探测

一部雷达就相当于一只蝙蝠，雷达会发出电磁波，向附近一定的空间传播，一旦有敌方单位比如战斗机或者坦克出现，电磁波就会探测到敌方单位，然后立即反射信号给雷达，雷达就可以知道敌方单位的具体位置，然后派出己方部队将敌军精准地歼灭。

了解了最基本的雷达的探测原理后，就比较容易理解相控阵雷达的工作原理了。

蜻蜓的每只眼睛由许许多多个小眼组成，每个小眼都能呈现完整的像，这样就使得蜻蜓所看到的范围要比人眼大得多。与此类似，相控阵雷达的天线阵面也由许多个辐射单元和接收单元（称为阵元）组成，单元数目和雷达的功能有关，可以从数百个到数万个。这些单元有规则地排列在平面上，构成阵列天线。利用电磁波相干原理，通过计算机控制馈往各辐射单元电流的相位，就可以改变波束的方向进行扫描，故称为电扫描。同传统的机械扫描（雷达天线不停地转动）相比，相控阵雷达的多目标追踪能力、目标更新速度要突出得多。

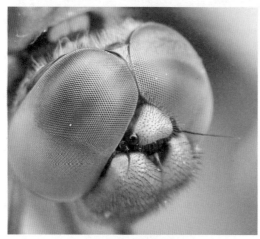

图 7-9 蜻蜓的眼睛

相控阵雷达由许多个微型雷达单元构成，图 7-10 中最左侧的单元首先发射电磁波，电磁波如同水面上的波纹一样在空间中扩散开来（最大的半圆）。紧挨着的单元随后也发射出电磁波，由于发射时间晚，其电磁波扩散半径要比前一个的小。每个单元依次发射后形成的多束电磁波在箭头所示的方向上合成为一束（依据电磁波的干涉原理），通过控制每个单元的发射时间就可以改变合成波束的传播方向。

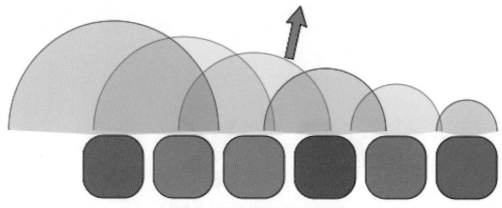

图 7-10 相控阵雷达扫描原理示意图

在实际应用中，相控阵雷达分为有源（主动）和无源（被动）两类。

有源相控阵雷达的每个辐射器都配装有一个发射／接收组件，相当于每个辐射源都是完整的微型雷达，能生成雷达波。

无源的仅有一个中央发射机和一个接收机，发射机产生的高频能量经计算机自动分配给天线阵的各个辐射器，目标反射信号经接收机统一放大（这一点与普通雷达区别不大）。

在使用中，两种相控阵雷达在性能上基本没区别。但是，在可靠性上，有源的其中任意一个辐射源坏了，也影响不大；无源的，发射机坏了就没信号了。而且有源的可以通过增加辐射源的数量来增加功率，同样的辐射源，组合 1000 个是小型雷达，组合 2000 个是中型雷达，组合 3000 个就成了大型雷达，节约了设计费用，适应性、灵活性很好。这也就是现在预警机使用有源相控阵雷达的原因了。

在预警机相控阵雷达直径为数十米的圆形天线阵上，排列着上万个能发射电磁波的辐射器，每个辐射器可以发出不同相位的电磁波，从而实现对不同区域的监测，实现全方位扫描。如果我们把通常的雷达称作"个体户"，那么相控阵雷达就相当于一个"合作社"了。由此我们可以想象出拥有相控阵雷达的预警机该有多么厉害。

现在，有源相控阵雷达的应用是非常广泛的，涵盖了海、陆、空各个方面，除了预警机外，在航空母舰、地面雷达车、战斗机上都有有源相控阵雷达的用武之地。

图 7-11 不同的相控阵雷达

7.4 预警机的应用及特点

7.4.1 预警机的应用

以"和平之眼"机型为例（见图7-12），机头部分是驾驶舱，而机翼中间的部分，则是雷达信号的信息处理舱，这里有很多测控仪器设备及工作人员，工作人员将会在这里对信号情报进行分析并下达相应作战指令。机身顶部的部分就是雷达，两侧则是飞机的发动机。

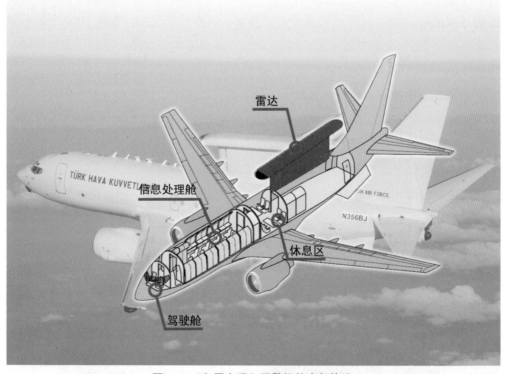

图7-12 "和平之眼"预警机的内部构造

下面分析一下"和平之眼"的监控预警体系：它能够监测整个朝鲜半岛，覆盖面积达 500 千米^2 以上，通过对 1000 多个目标的同时监控，能够将有用的数据信息及时传递给指挥控制中心，经过工作人员的计算以及对相关数据的处理，可以及时下达作战指令给己方作战部队，完成作战使命。

预警机在实战中的作用：假如己方预警机正与舰队共同配合完成作战计划，此时，预警机通过其相控阵雷达监测到远方有一架敌机向己方袭来，于是，预警机及时对该敌机进行了定位，通过雷达扫描，对其方位、高度、速度等数据进行分析、计算，制订相应的作战计划，并将其相关信息传达给己方舰队，使得己方能够及时做出反应，对该敌机进行拦截，避免了己方的战力损失。由此我们可以看出，预警机的主要作用是预警警戒，指挥控制，是国家军队战斗力的倍增器。

图 7-13 借助预警机，舰船能够及时发现远处袭来的敌机

7.4.2 预警机的特点

预警机虽监视范围大、指挥自动化程度高、目标处理容量大、抗干扰能力强、工作效率高，但它也存在着许多弱点：活动区域较为固定；活动高度一般在 8000 到 10000 米，飞机体型较大，雷达截面积大，易被雷达发现和跟踪，行迹容易暴露；机动幅度小，机载雷达只有在飞机转弯坡度小于 10 度的条件下，才能保证对空中的正常搜索，且下视能力弱于上视能力；巡航速度慢，机上没有攻击武器，自卫能力弱；电子防护能力弱，工作功率较大，极易对方探测，电子干扰和反辐射导弹攻击；技术复杂，作战操纵不便等。

7.5 展望未来

提到预警机，就不能不提及 2012 年度国家最高科学技术奖的获得者，有着"中国预警机之父"美誉的王小谟院士。

王小谟 1961 年毕业于北京工业学院（现北京理工大学），1995 年当选为中国工程院院士。现为北京理工大学博士生导师。

20 世纪 90 年代，我国与外方合作共同开发发展型预警机，王小谟担任中方总设计师。在合作期间，王小谟高瞻远瞩，意识到必须自力更生，部署安排了国内同步研制。在外方单方面赔款中止合同时，王小谟向中央和装备研制主管部门提出"立足自主，研制国产预警机"的建议，并得到支持。经过近 20 年的艰苦研究，在 2009 年 10 月 1 日国庆 60 周年阅兵式上，由他主导研制的空警 2000 预警机作为领航机型，引领庞大机群，米秒不差飞过天安门广场。2010 年，这一预警机项目获得国家科学技术进步奖特等奖。

2012 年，王小谟也凭此从时任国家主席的胡锦涛手中接过了国家最高科学技术奖的奖章。

王小谟院士对预警机的未来发展评价道："下一步我们研制预警机准备向小型化、网络化、多功能化、使用方便、价格便宜方面发展，尤其是成本方面。从未来来看，以后的预警机会越来越便宜。第一次做的几架预警机花了几十亿，现在预警机十几亿就可以做出来，以后一两亿就可以做一架。过去做预警机要惊动国家领导人，现在部门领导知道就行了，以后连

图 7-14 王小谟院士

部门领导都不用知道。因为现在我们的设计基础和设计方法相比以前都有了很大的改善。我们国土这么大，对预警机的需求量很大，我们的预警机，每两年一款，都有新东西在上面。我们有信心比美国人做得好。"

第 8 章 空中的幽灵

——隐身战斗机

你知道吗?

　　隐身战斗机被形象地比喻为"空中幽灵",它们行踪诡秘,能有效地躲避雷达的跟踪,悄无声息地接近敌方重要军事设施并实施打击。因此,隐身化已成为未来武器装备的发展方向。

8.1 初识隐身战斗机

　　隐身战斗机通常是指在电磁、可见光、红外、声学等方面难以探测或跟踪的战斗机,其中最主要的就是电磁隐身。其原理是通过特定机身外形和气动布局的设计以及配合特殊的外层涂料或机身材质使得雷达反射信号尽量变小,从而减弱雷达反射波、红外辐射等特征信息,使敌方探测系统不易发现的飞机。所以,隐身战斗机的隐身并不是让我们的肉眼看不到,而是让雷达无法侦察到战斗机的存在。

图 8-1 中国歼 20 战斗机

8.2 隐身战斗机的诞生

一战二战期间，飞机被广泛用于军事目的，然而探测技术以及防空武器系统的进步，使得飞机越来越容易被及早发现并击落。为了降低作战飞机被发现的概率以提高作战飞机在战场上的生存能力，人们开展了各种研究。

为了减小被肉眼发现的概率，作战飞机十分注重涂装，我们常看到战斗机都会有一身考究的"外衣"，这是因为通过"外衣"，飞机可以与周围环境融为一体，从而迷惑敌方飞行员。

图 8-2 在沙漠地区执行军事任务的 F-16 战斗机采用了沙漠迷彩的涂装

1964 年，苏联的数学家 Pyotr Ufimtsev 发表了一篇极具创新意义的论文，指出雷达反射波的强度与物体外形有关，而与物体尺寸无关。论文的研究结果表明，制造一架尺寸很大同时不易被雷达发现的飞行器在理论上是可行的。然而，由于当时计算机技术的水平有限，人们还不能够设计出可行的方案。

进入 20 世纪 70 年代，计算机技术、软件技术的巨大进步以及当时对减小战斗机被防空武器系统探测到的概率的迫切需求，美国的洛克希德公司首先着手隐身战斗机的研发，并取得一系列成果。

F-117 "夜鹰"隐身战斗机是洛克希德公司于 20 世纪 80 年代为美军秘密研制的第一代隐身战斗机，也是世界航空史上

图 8-3 F-117 "夜鹰"隐身战斗机

的第一架隐身战斗机。在第一次海湾战争中，首先由该机隐蔽出动，打掉了伊拉克军队的对空雷达和无线电子通信系统，从而拉开了海湾战争的序幕。在整个战争中，它完成了巴格达空袭任务的95%，而没有一架被击中。F-117有许多缺点，这主要是设计时以隐身性能为首要考虑而造成的。例如速度慢，机动能力差，气动性能不佳，发动机则推力减小，并且无加力。尽管如此，作为世界上第一种隐身战斗机，已经"名垂青史"。它在世界航空史上具有重要的里程碑意义，现已退役。

8.3 形形色色的隐身战斗机

自从F-117"夜鹰"在海湾战争首秀以来，能够先敌发现、先敌开火的隐身战斗机就渐渐成为各国空军关注的热点。表8-1列举了几种隐身战斗机（B-2"幽灵"属轰炸机，但与其他隐身战斗机一并介绍）。

表 8-1　主要的隐身飞机和特点

机型	研制国家	特点
F-117"夜鹰"	美国	世界上第一种隐身战斗机
B-2"幽灵"	美国	唯一的一种隐身轰炸机
F-22"猛禽"	美国	第五代战斗机、双发
F-35"闪电Ⅱ"	美国	第五代战斗机、单发
T-50	俄罗斯	第五代战斗机、双发重型
歼20"威龙"	中国	第五代战斗机、双发重型
歼31"鹘鹰"	中国	第五代战斗机、双发中型

当今世界上唯一的一种隐身轰炸机B-2，绰号"幽灵"。其隐身性能可与小型的F-117"夜鹰"隐身战斗机相比，而作战能力却与庞大的B-1B轰炸机类似。是冷战时期的产物，每架B-2造价为24亿美元，若以质量计，B-2的质量单位价格比黄金还要贵两至三倍。至今仍是全球最昂贵的军用飞机之一。它的机身和三角形主机翼连在一起，没有垂直尾翼和水平尾翼，机头呈鹰嘴形状，总体外形有点像蝙蝠飞行时的形状。B-2隐身性能出众，隐身性能首先来自它的外形。B-2外形光滑圆顺，没有折皱，不易反射雷达波。驾驶舱呈圆弧状，照射到这里的雷达波会绕舱体外"爬行"，而不会被反射回去。密封式玻璃舱罩呈一个斜面，使雷达波无法穿透舱体，造成反射。机翼后掠33度，使从上、下方向入射的雷达波无法反射或折射回雷达所在方向。机翼前缘的包覆物后部，有不规则蜂巢式空穴，可以吸收雷达波。

图 8-4 B-2 "幽灵"

图 8-5 F-22 "猛禽"

美国现役第五代隐身战斗机 F-22 "猛禽"（见图 8-5）和 F-35 "闪电Ⅱ"。F-22 "猛禽"和 F-35 "闪电Ⅱ"主要是采用改善材料和形状来实现隐身性能。F-22 "猛禽"采用双垂直尾翼布局，垂尾向外倾斜 27 度，恰好处于一般隐身设计的边缘。两侧进气口装在翼前缘延伸面下方，做了抑制红外辐射的隐身设计。机翼上涂有吸收雷达波的特殊材料，全部武器都隐藏在 4 个内部弹舱中。

F-22 "猛禽"为单座双发战斗机，也是世界上第一种进入服役的第五代战斗机。"单座"的意思是一个座位，即只能承载一名飞行员；"双发"的意思是两个发动机。F-35 "闪电Ⅱ"为单座单发战斗机，具备较高的隐身设计、先进的电子系统以及一定的超声速巡航能力。该机有 3 种主要的衍生版本，包括采用传统跑道起降的 F-35A 型，短距离起降／垂直起降机种 F-35B 型（见图 8-6，其发动机喷口可转动），与作为航空母舰舰载机的 F-35C 型。

其实，F-35 "闪电Ⅱ"是 F-22 "猛禽"的低配机型，这是因为美国军方无法忍受 F-22 "猛禽"战斗机不断高涨的成本，故开发出了性能先进而价格可承受的低档战斗机 F-35 "闪电Ⅱ"。

升力风扇

发动机

图 8-6 F-35B 型

俄罗斯现役第五代隐身战斗机为 T-50 单座双发重型战斗机，机头的菱形设计是通过表面镜面反射将敌方的雷达波反射到次要方向，其机翼、水平尾翼和边条前缘基本平行从而将发射过来的雷达波集中反射到雷达接收机不容易收到雷达波的方向。该机具备隐身性能好、起降距离短、超机动性能、超声速巡航等特点。俄罗斯的 T-50 比美国 F-22 "猛禽"晚了 20 年，比 F-35 "闪电Ⅱ"晚了 10 年。在机动性上可能与 F-22 "猛禽"不相上下，但大大超过 F-35 "闪电Ⅱ"，隐身性能可能不如美国五代战斗机。

图 8-7 T-50

中国第五代隐身战斗机为（绰号"威龙"）歼 20 和（绰号"鹘鹰"）歼 31。中国也是世界上第二个同时试飞两种五代机原型机的国家（第一个为美国）。歼 20 的前机身隐身设计主要工作是消除敌方雷达接收机方向的平面/曲面反射。歼 20 的前机身横截面类似菱形，机身两侧的折线能够将前向和侧向来射的雷达波向上/向下反射到的雷达不易接收的方向，导致位于飞机前向的敌方雷达接收机接收到的反射回波信号功率大大降低。

歼 31 为单座双发中型隐身战斗机，2014 年 11 月歼 31 实机亮相第十届中国珠海航展。歼 20 为单座双发重型隐身战斗机，将担负未来我军对空、对海的主权维护任务。2016 年 11 珠海航展上，歼 20 进行了公开的编队机动飞行。

图 8-8 歼 31

8.4 怎么隐身

8.4.1 隐身战斗机的隐身原理

要了解战斗机的隐身秘密，首先要清楚雷达是如何探测目标的。

雷达的发射机产生足够的电磁能量，这些电磁能量传送给天线，天线将这些电磁能量辐射至空中，集中在某一个很窄的方向上形成波束，向前传播。电磁波遇到波束内的目标后，将沿着各个方向产生反射，其中的一部分电磁能量反射回雷达的方向，被雷达天线获取。天线获取的能量经过收发转换开关送到接收机，形成雷达的回波信号。由于在传播过程中电磁波会随着传播距离而衰减，雷达回波信号非常微弱，几乎被噪声所淹没。接收机放大微弱的回波信号，经过信号处理机处理，提取出包含在回波中的信息，送到显示器，显示出目标的距离、方向、速度等。为了测定目标的距离，雷达准确测量从电磁波发射时刻到接收到回波时刻的延迟时间，这个延迟时间是电磁波从发射机到目标，再由目标返回雷达接收机的传播时间。根据电磁波的传播速度，可以确定目标的距离速度和方向。

而隐身战斗机就是通过各种手段，减少电磁能量反射，减小"雷达散射截面积"使雷达回波信号极弱，使得雷达无法识别到机体，从而达到"隐身"的效果。

8.4.2 隐身战斗机的的隐身法宝

（1）外形。一般飞机的外形比较复杂，发动机的进气道和尾喷口、飞机上的突出物和外挂物、飞机各部件的边缘和尖端以及所有能产生镜面反射的表面，致使雷达回波较大，极易探测到。隐身飞机则基本上是由平面组成的角锥形体没有机身和尾翼，整个飞机像一个大的飞翼，其发动机进气道布置在机体上方，没有外挂物突出在机体外面，可极大减小雷达散射截面积，达到隐身的目的。

（2）材料。雷达材料隐身技术主要是采用能够吸收或透过雷达波的涂料或复合材料，这样就可使雷达波有来无回、多来少回，从而减小目标雷达散射截面积，达到隐身的目的。雷达吸波材料的基本原理是通过某种物理作用机制将雷达波能量转化为其他形式运动的能量，并通过该运动的耗散作用而转化为热能，使目标的雷达截面积减小。

（3）减少热源。有的防空武器是通过飞行器的热辐射来辨识目标的。因此，对于隐身战斗机，减少热源则可采用散热量小的发动机、采用隔热材料对发动机进行隔热、改进发动机喷管设计、采用闭合回路冷却系统等方式来进行。

8.4.3 隐身和隐身衣

前面说了隐身战斗机的隐身，但似乎我们在日常生活中提到的"隐身"更玄乎。传说中有孙悟空使个隐身法偷蟠桃宴的仙酒，太乙真人为哪吒手绘隐身符瞒过东海龙王等神奇故事。现代游戏里也会借用各种各样的"隐身"概念，在游戏中添加"隐身药水""隐身草"等隐身手段和道具。那么现实生活中的隐身又是什么呢？

其实，隐身来自于大自然。如果你经常看动物世界，对自然界中的动物有了解的话，可能会知道竹节虫这个无脊椎动物，体态如同竹节，停留在竹枝上，让人难以分辨，而且体色会随着温度、光照强弱等变深变浅，所以它在白天与黑夜的体色是不同的，从而更好地隐藏自己，不被天敌发现；还有像变色龙能够随环境的变化，随时改变自己身体的颜色。所以，隐身的灵感是来源于大自然。科学家们从动物的保护色上得到了启发，发明了隐身技术。比如士兵们穿的迷彩服，不容易被敌军发现，从而增加隐蔽性。

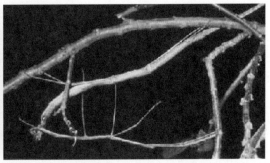

图 8-9 竹节虫在不同环境下伪装自己

我们之所以能看到物体，是因为物体阻挡了光线通过。将光线分散开并反射到人的眼睛里。如果有一种材料敷在物体表面，能引着被物体阻挡的光波"绕着走"，那么光线就似乎没有受到任何阻挡。在观察者看来，物体就似乎变得"不存在"了，也就实现了视觉隐身。

人类是否真的可以研制出隐身衣呢？目前全世界相关科学家都在致力于研究这个技术。2004 年，日本东京大学教授推出了一款宽大外衣，人们只需穿上这件外衣，就可以让人"难以辨认"，但这并非真正的隐身，只是通过视觉伪装来达到无法辨别的地步；《科学》杂志刊登 06 届混合班刘若鹏教授研制出一款可以引导微波"转向"的隐身斗篷。但这种隐身斗篷仍有很多缺陷，如不能移动，里面的人也看不到外面的情况等；2013 年 10 月 31 日，浙江大学陈红胜教授研究团队工作人员演示一件"隐身"装置的效果。当一支铅笔被放入该装置中时，铅笔的中间部位"不见了"，但该部位的背景图案仍然可见。总的来说，隐身衣的实现还是有很大困难的。但随着科技的进步，也许未来有人会解决这些难题，研制出隐身衣。

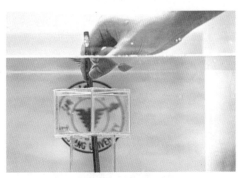

图 8-10 浙江大学研究人员
展示铅笔"隐身"效果

8.5 了解隐身战斗机的特点

隐身战斗机具有难发现、跑得快、看得远、打得远、机动佳（即隐身、超声速巡航、超视距雷达、发射中远程导弹、机动性好）等优点。但隐身战斗机目前并不是很完美，主要有以下几个缺点。

第一，隐身战斗机造价高、数量少，属于高价值目标，一旦被击落，对于整个空军的军心，将产生震撼和动摇。

第二，隐身战斗机飞得不够高，巡航高度一般在1.7万米左右。不是高空战斗机。它是高速、高机动的，但不是"高空高速高机动"的。

第三，隐身战斗机载弹少。

第四，隐身战斗机背部不隐身、对于长波雷达等雷达不隐身，这样，可以被地面大型长波雷达阵发现，也可以被"高空预警机"（巡航于2万米以上的预警机）发现。

第五，隐身战斗机发射导弹时不隐身，或者打开雷达时不隐身。

第六，隐身战斗机一般需要预警机伴航，依赖预警机传输的数据实现静默、突然袭击。

8.6 展望未来

战斗机已经进入了第五代，在第五代战斗机的技术要求中，"隐身性能"是一项基本要求，还需要具备超声速巡航能力、超机动能力以及超级信息优势。

欧洲多国正在联合研制"神经元"隐身无人机，大量采用复合隐身吸波材料，未来可能成为欧洲第一种空中隐身作战平台。F-35可能是美国研制的最后一种有人驾驶战斗机，未来将是隐身无人机的时代。美国目前研制出三种无人机，分别是能持续飞行一周的"全球观察者"侦察机了；能从航母上起飞投掷激光制导炸弹的X-47B；能潜入敌后摧毁雷达系统的"幽灵射线"无人机。隐身技术不仅仅用在战斗机上，亦有导弹隐身、舰艇隐身、装甲车隐身等，未来的战场也许是"隐身武器"的战场，这就更需要隐身技术与反隐身技术的发展。

反隐身技术的不断发展，迫使新的隐身概念和新的隐身技术层出不穷，如等离子体隐身技术。隐身技术这项研究，就是针对雷达的，未来隐身技术将继续在雷达研究和应用的基础上，展开红外、声、视频、磁等隐身技术的研制工作。此外，新型复合型隐身材料研究领域大有可为，如果隐身材料既能对雷达探测进行隐身，也能够对红外、可见光等隐身，达到多种不同功能的隐身效果，就将使得隐身战斗机战斗能力极大增强。所以，宽隐身频带（针对不同波段的雷达）、全方位、全天候、智能化的隐身武器系统逐渐成为未来隐身技术的发展方向。

第 9 章 海上的大家庭
—— 登陆舰

你知道吗？

在登陆作战中，登陆舰作为现代海上联合指挥、海陆作战的典型代表，为陆地作战提供强有力的海上支持。依靠登陆舰集群，一个国家可以在远离其国土的地方，配合航空母舰组成临时的强大作战基地，即使不依赖陆地资源，也可以对其他国家施加军事压力和开展作战行动。

9.1 从诺曼底登陆说起

两栖作战在战争史上一直占据着重要的地位。诺曼底登陆是第二次世界大战中，盟军在欧洲西线战场发起的一场大规模攻势，是目前为止世界上最大的一次海上登陆作战，也是战争史上最有影响的登陆战役之一。登陆战役从 1944 年 6 月 6 日开始，盟军陆军共 36 个师，其中 23 个步兵师，10 个装甲师，3 个空降师，约 153 万人参加战役；海军投入作战的军舰约 5300 艘，其中战斗舰只包括 13 艘战列舰，47 艘巡洋舰，134 艘驱逐舰在内约 1200 艘，登陆舰艇 4126 艘，还有 5000 余艘运输船。空军作战飞机 13700 架，其中轰炸机 5800 架，战斗机 4900 架，运输机滑翔机 3000 架，以及 60 万吨各类补给品，成功地渡过了英吉利海峡。诺曼底战役持续了 2 个多月，最终，盟军成功建立滩头堡，在欧洲开辟了第二战场，并在 1944 年 8 月 25 日，解放巴黎，宣告诺曼底战役结束。

图 9-1 诺曼底登陆

9.2 登陆舰变形记

登陆舰是一个工作平台，一般比较大，在万吨级以上。可承载两栖登陆艇、两栖坦克、气垫船以及直升机。其船舱是半吃水状态，以方便两栖登陆艇、两栖坦克和气垫船的进出，就像船坞一样。作战时将参与两栖登陆的装备及士兵送至距离海岸线最佳的距离。登陆舰主要的类型有两栖攻击舰和船坞登陆舰。

▼ 图 9-2 船坞登陆舰剖视（圣安东尼奥级）

▲ 图 9-3 两栖攻击舰剖视（堪培拉级）

登陆舰的发展是与登陆作战的演变一致的。船只自出现就被用作运输士兵、装备，早期登陆作战主要使用传统船只或是将传统船只改装成运输船。然而随着登陆作战所需投送兵力的增加，以及投送兵力时敌人的阻击加大，设计制造专用船只来完成输送任务就成为完成登陆作战的重要途径。1915年灾难性的加利波利登陆表明，军队士兵大量装备机枪后，传统船只已经不适合用于近代登陆作战，登陆作战任务需要由专业的船只完成。这也揭开了专用的登陆船只研制序幕。

图 9-4 加利波利登陆
（从图中可以看出面对强大的滩头
防御火力，使用普通小船登陆作战
时士兵伤亡将会极大）

图 9-5 具备防弹功能的
登陆艇 X-Lighter
（英国在汲取加利波利
登陆经验教训后，研制
了该艇）

一战结束后至二战结束前，各种用于登陆作战的舰艇陆续设计制造出来，并在"诺曼底登陆"将两栖登陆作战推向了高潮。

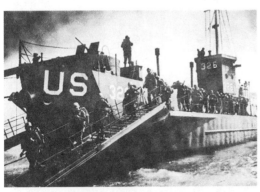

图 9-6 20 世纪三四十年代的各种登陆作战用舰艇

　　二战结束后，直升机的出现使两栖登陆作战方式发生了很大变化，利用直升机能够快速突破岸防、具备对地火力优势的特点，能够有效减少士兵伤亡。于是搭载直升机作为重要运兵载具成为登陆舰的新发展方向。在海军"由海向陆"的趋势下，以及美国在"前沿存在"理论指导下大力发展两栖战舰，世界各国兴起了研制和建造新一代两栖战舰的热潮。在现代登陆舰中，两栖攻击舰和船坞登陆舰是主要的发展方向，两种舰都可搭载两栖坦克，登陆艇和直升机；排水量均趋于大型化，吨位多在万吨以上，同时攻防能力明显增强。船坞登陆舰主要强调运输能力，作战时在远离海岸线的地方就将搭载的两栖登陆艇、两栖坦克、气垫船等装备放出，但搭载的直升机数量较少。两栖攻击舰在船坞登陆舰的基础之上，还强调空中投送、火力支援能力，因此舰上搭载较多数量的运输直升机、武装直升机以及具备垂直起降的战斗机，甲板也设计为与航母类似的直通式。

美国圣安东尼奥级船坞登陆舰

澳大利亚堪培拉级两栖攻击舰

荷兰鹿特丹级船坞登陆舰

法国西北风级两栖攻击舰

图 9-7 现代登陆舰

　　或许有人会问：登陆舰搭载的登陆艇在进出登陆舰时要有水才行，那么登陆舰后部就需要进水，这样的话，登陆舰里进水不就会沉下去么？而且登陆舰怎么进水，进水之后水能排出去么？

　　观察图 9-2、图 9-3，可以看出登陆舰舱内底板是自艉部向船艏逐渐升高的，可以防止海水倒灌，这样只有坞舱进水。登陆舰上有压载系统，包括压载水舱、压载泵或空气压缩泵，用来调节吃水，使坞舱进水或排水，以便登陆工具的装卸或进出。

图 9-8 登陆舰坞舱进水

9.3 我国登陆舰——071 级船坞登陆舰

　　新中国成立初期，人民海军的装备主要是缴获、接收国民党军队遗留下来的美制舰艇，这些舰艇为我国的海防做出了不可磨灭的贡献，我国登陆舰的发展也正是以这些装备为起点。

　　受限于新中国的造船水平，我国从建造小型的"登陆艇"开始，不断学习摸索，进行技术积累以发展海军两栖舰艇。后来随着装备技术的发展和作战需求的变化，我国建造的登陆舰的吨位逐渐加大。071 级船坞登陆舰（见图 9-10）是中国自主研发的船坞登陆舰，外形采用隐身设计，排水量

图 9-9 人民海军装备的首批登陆舰之一
926 舰"大别山"号

在 20000 吨左右，该舰具有直升机运送和攻击能力，主要作用就是搭载、支援和使用直升机中队，运送海军陆战队队员及车辆、装备和弹药，从而在一定程度上实施"垂

图 9-10 071 级船坞登陆舰首舰"昆仑山"号

直登陆",其舰体设计、辅助装备、武器系统均达到世界先进技术水平,也是"辽宁"号航母服役以前,我国海军装备的最大的舰船。071 级船坞登陆舰主要使命是支持中国海军海军陆战队以及其他登陆编队进行两栖作战。其首舰"昆仑山"号于 2006 年 12 月下水,并参加了中国海军在亚丁湾的护航任务。

我国的 071 级船坞登陆舰采用了 4 台功率为 47200 马力(1 马力约合 746 瓦)的柴油机作为动力,双轴推进,速度可达 46 千米 / 时,航程超过 10000 千米。

该登陆舰舰艏装备了 1 座 76 毫米新型舰炮,该舰炮的设计基于俄罗斯的 AK-176 舰炮(AK-176 舰炮射速为 125 发 / 分,射程可达 17 千米),作战能力超强,不仅可以打击水面目标,还可对空中目标实施精确打击(见图 9-11);4 具 18 联装干扰弹发射器分置于舰艏两侧以及上层结构两侧,针对来袭导弹发射干扰弹,诱导导弹偏离舰船;近防则依赖 4 座布置于上层结构的 30 毫米 AK-630 近防炮(AK-630 近防炮射速达到 5000 发 / 分,射程为 4 千米),能够防范、对抗反舰导弹及其他精确型导引武器,此外也能对抗轻型水面目标(见图 9-12)。

071 级船坞登陆舰的"肚量"惊人,可容纳 4 艘 726 型大型气垫登陆艇,2 艘登陆艇,15 ～ 20 辆装甲车,500 ～ 800 名士兵,此外,甲板上可同时起飞 2 架直 8 直升机。

图 9-11 76 毫米舰炮

图 9-12 30 毫米近防炮

图 9-13 726 型气垫登陆艇

图 9-14 直 8 直升机

9.4 登陆作战方案

登陆舰在登陆作战中发挥着不可替代的作用，但是登陆舰是怎样发挥作用呢？这就得从登陆作战方案说起，一般来讲登陆作战方案包括以下几个阶段。

（1）第一阶段，对登陆区域后方的敌方交通、通信、机场、电力系统、防空设施进行大规模轰炸，造成敌方指挥和兵力输送上的混乱与瘫痪。如果遭遇敌方空军反击，力求在空中决战中重创敌方空军。

（2）第二阶段，潜艇部队在舰队外围展开行动，封锁敌方港口，截断敌方的海上兵力和武器的输送。并监视敌方海军动向，掌握敌方海军的最新军事行动，为舰队提供有效信息。

（3）第三阶段，各舰队集群从登陆舰上出发，部分护航战机及护航舰队对敌方滩头防御阵地进行火力覆盖，实行猛烈的火力打击，为后续部队的登陆战场创造前提条件。

（4）第四阶段，伞兵及特战队员通过降落伞直接降落方式或直升机空投方式进入登陆场后方区域，造成敌方防御体系的混乱，伺机夺取控制权。伞兵及特战队员可组成战斗小组，积极阻扰敌方后续部队对滩头的支援，也可由特战队员对敌方防御指挥部实施斩首行动。

（5）第五阶段，陆战队从登陆舰中出发，采取乘坐登陆艇或直升机机降等多种方式强行登陆滩头，并获得登陆滩头的控制权。

（6）第六阶段，扫雷舰对近岸进行扫雷，排除近岸位置登陆的危险。上岸部队登陆后可呼叫攻击直升机与近岸支援舰，对敌方陆上防御设施进行火力压制。

（7）第七阶段，随后各式两栖装甲车辆上岸，清除滩头障碍物及地雷，协助陆战队向内地纵深发展，深入敌方进行深度打击。

舰载机轰炸敌方陆上目标

登陆部队离开登陆舰

伞降部队突袭敌人后方

潜艇舰队执行封锁

护航编队打击敌方阵地

登陆部队强行登陆

图 9-15 登陆作战各阶段

图 9-16 登陆作战

9.5 展望未来

9.5.1 未来登陆舰发展趋势

从世界登陆舰发展看，大型化、通用化已经成为一种趋势。这样的登陆舰装载量多、续航力大、自给力强、抗浪性好、用途广泛，可更好地实现"均衡装载"和进行远海作战，极大地提高登陆舰的作战能力和使用灵活性。登陆作战的样式也由直接抢滩登陆的平面作战方式让位于两栖攻击舰、大型气垫登陆艇、直升机进行垂直登陆的立体作战方式。

9.5.2 未来登陆作战的特点

（1）登陆作战将是优势的一方对据守岛屿或陆地的另一方实施渡海上陆的进攻作战；（2）未来登陆作战将是最复杂最残酷的战争，所以策划和准备工作要求高，对参战人员的心理素质要求高；（3）登陆作战的先决条件，是要夺取制空、制海、制电磁权，对作战保障要求高；（4）夺取登陆作战的胜利，从力量上讲将取决于输送速度和火力，对输送工具要求高；（5）登陆作战参战的兵种、兵力多，指挥协同十分复杂，对指挥员的综合素质要求高；（6）空间、地域广阔，对兵力运用的谋略要求高，在企图、伪装、地理和天候的选择上，要求都高。

第 10 章 海上霸主
—— 航空母舰

你知道吗？

航空母舰是现代科学技术的产物，是航空母舰战斗群的核心，并整合通信、情报、作战信息、反潜反导装置及后勤保障为一体的大型海上战斗机移动基地平台。依靠航空母舰，一个国家可以在远离其国土的地方，不依赖当地的机场和后勤物资补给对目标施加军事压力以及实施作战行动。时至今日，航空母舰已是现代海军不可或缺的利器，也成为了一个国家综合国力的象征。

10.1 从珍珠港事件说起

1941 年 11 月 22 日，日本海军的机动部队在择捉岛的单冠湾集结完毕，它的目的是偷袭美国海军太平洋舰队的重要基地——珍珠港。6 艘大型航空母舰"赤城"号、"贺"号、"鹤"号、"瑞鹤"号、"苍龙"号、"飞龙"号在十余艘其他舰只的配合下，悉数披挂出征。这次由航母"一手操办"的大偷袭取得了极其辉煌的战果。美军共有 4 艘战列舰、2 艘重巡洋舰、2 艘轻巡洋舰和 1 艘油船被击沉，另有多艘战列舰、巡洋舰和驱逐舰被重创，总计损失舰艇 40 余艘，被毁飞机 450 架，阵亡 2409 人，太平洋舰队几乎全军覆没。而日军付出的代价是微不足道的，仅仅损失舰载机 29 架。

日军偷袭珍珠港大获全胜，体现了航空母舰的巨大威力，它彻底摧毁了各国海军残存的"大炮巨舰"至上的陈旧观念，航空母舰也由此取代战列舰成为现代海战的主角。时至今日，航母的海上霸主地位仍无可动摇。

图 10-1 珍珠港事件

10.2 航空母舰的发展历史

10.2.1 初现

世界第一个从停泊的船只上起飞的飞行员是美国人尤金·伊利（Eugene Ely），他于 1910 年 11 月 14 日驾驶一架"柯蒂斯"双翼机从美国海军伯明翰号轻型巡洋舰（USS Birmingham CS-2）起飞并成功地降落在宾夕法尼亚号装甲巡洋舰（USS Pennsylvania ACR-4） 一个长 31 米、宽 10 米的木制改装滑行台上，成为第一个在船只上降落的飞行员。1912 年 5 月 2 日，英国海军上尉格里高利驾驶着一架"肖特"S.27 双翼飞机从以 10.5 节（1 节＝1852 千米 / 时）的航速行驶的"豪伊伯尼亚"号战列舰上起飞，从而创造了飞机从航行中的军舰上起飞的先例。

图 10-2 飞机第一次从停泊的船只上起飞

10.2.2 一战时期的发展

在第一次世界大战（简称一战）前，水上飞机首先被用于海上侦察。各国海军都喜欢使用这种飞机，它的降落和起飞能在水面上进行。但是水上飞机的装载和运输很成问题。刚开始，水上飞机只能被置于船后，由船只来牵引。一旦遇上恶劣天气，缺少保护的水上飞机就有进水、发生倾覆的危险。1912 年，英国海军把一艘老巡洋舰"竞技神"号改装成了世界上第一艘可搭载海军飞机的船只，这艘船开展了大量的飞行试验，展示了巨大的军事应用价值。这种船只后来被称为"水上飞机母舰"，它是航空母舰最早的雏形。

第一次世界大战中，英国首次派遣航空母舰舰载机实施了空袭行动，虽然行动并不十分成功，但却揭开了航空母舰承担海上作战的序幕。1917 年 6 月，英国皇家海军"暴怒"号巡洋舰在建造过程中改变原有设计，将舰艏部分上层建筑被全部移除，转而铺设 69.5 米长的甲板供飞机起飞，这使"暴怒"号成为第一艘可以起降固定翼飞机的船只。但"暴怒"号还是一艘很不完善的航空母舰。

图 10-3 英国"暴怒"号水上飞机母舰

　　世界上第一艘"纯正血统"的航空母舰于 1918 年 1 月在英国开始动工建造，并为其命名为"竞技神"号航空母舰（又译作"赫尔墨斯"号）以纪念航母的鼻祖——世界上第一艘水上飞机母舰"竞技神"号。由于第一次世界大战的结束，其工期进度明显放慢，直到 1923 年 7 月才最终建成。然而此时日本海军于 1919 年开始设计，1920 年开始建造的"凤翔"号，由于工期进展迅速，却抢在 1922 年年底建成并开始正式服役。这样日本海军虽然后发但却先制，抢在英国海军以前建成了世界上第一艘真正的航母——"凤翔"号。

图 10-4 "竞技神"号

图 10-5 "凤翔"号

　　一战后，1922 年各海军强国签署的《华盛顿海军条约》严格控制了战列舰建造，但条约准许各缔约国利用两艘战列舰改建为标准排水量 3.3 万吨的航空母舰。这时，美国的"列克星敦"级的两艘航母（CV-2"列克星敦"号和 CV-3"萨拉托加"号）、日本的"天城"级的"赤城"号、"加贺"级的"加贺"号两艘航母，以及英国的"勇敢"号、"光荣"号、"暴怒"号，并称为当时世界七大航母。

图 10-6 "萨拉托加"号

10.2.3 二战时期的发展

　　航空母舰在第二次世界大战中首度被广泛的运用。它是一座浮动式的航空基地，能够携带战斗机以及轰炸机远离国土执行攻击敌人目标的任务。这使得航空母舰可以由空中来攻击陆地以及海上目标，尤其是那些远远超过一般武器射程之外的目标。由航空母舰上起飞飞机的战斗半径一直不断地在改变海军的战斗理论，敌对的舰队必须在看不到对方舰船的情况下，互相进行远距离的战斗。这彻底终结了战列舰为海上最强军舰的优势地位。

　　二战中，航空母舰在太平洋战争战场上起了决定性作用。从日本海军航空母舰偷袭珍珠港，到双方舰队自始至终没有见面的珊瑚海海战，再到运用航空母舰编队进行海上决战的中途岛海战，作战的主要力量不再是海面上的舰船，不是拼船坚炮利，而是航母上舰载机编队——空中力量。经历了这几场二战中的海战，航空母舰逐步取代战列舰成为现代远洋舰队的主力。战争期间美国建造了大批"埃塞克斯"级航空母舰（见图 10-7），组成的庞大航空母舰编队，成为海战的主角。此外，廉价的小型护航航空母舰被大量建造投入到反潜护航作战中。

图 10-7 "埃塞克斯"级航母

10.2.4 当代航空母舰的发展

二战结束后，世界各国都注重于发展适合本国的航空母舰（见图10-8）。战后的美国在一段时间里对二战期间建造的埃塞克斯级航空母舰和中途岛级航空母舰进行现代化改装。改装的项目包括增加斜角飞行甲板、蒸汽弹射器、助降瞄准镜的设计，提高了舰载重型喷气式飞机的使用效率和安全性、高性能喷气式飞机，得以搭载到现代化的航空母舰上。目前，美国的20世纪航母——10艘现役"尼米兹"级航空母舰，它是当今世界海军威力最大的海上巨无霸，是美国海军独家拥有的大型核动力航空母舰。此外，美国的21世纪航空母舰首舰"福特"号（见图10-9）于当地时间2013年10月11日成功下水。

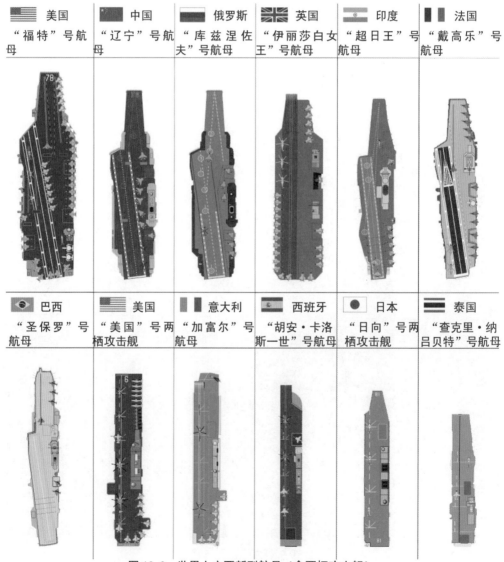

图 10-8　世界上主要新型航母（含两栖攻击舰）

图 10-9 "福特"号

10.3 我国第一艘航母

中国首艘航空母舰"辽宁"号航空母舰，是中国人民解放军海军第一艘可以搭载固定翼飞机的航空母舰，前身是苏联海军的"库兹涅佐夫元帅"级航空母舰 2 号舰"瓦良格"号。1985 年 12 月 4 日，"瓦良格"号由苏联军方在乌克兰尼古拉耶夫黑海造船厂开始建造，20 世纪 80 年代中后期，"瓦良格"号建造工程遭逢苏联解体中断，至 1991 年 12 月 25 日苏联宣布解体时，完成率为 68%。1998 年，澳门的一家公司以 2000 万美元的价格买下了"瓦良格"号；1999 年 7 月，在拖船的牵引下，"瓦良格"号驶离乌克兰尼古拉耶夫黑海造船厂，缓缓踏上回国的漫长航程。然而回国的路不是一帆风顺的，在通过博斯普鲁斯海峡时，多次受到当时土耳其政府的阻拦，中国政府在历经一年多的谈判后，土耳其政府才允许通行；到达爱琴海斯基罗斯岛附近的国际海域遭遇前所未有的风暴，它与拖船连接的拖缆在 9 级大风中相继被拉断。这个庞然大物就像一匹脱缰的野马，在海上失去了控制，横冲直撞。脱险后，经地中海畔的希腊比雷埃夫斯，穿直布罗陀海峡（苏伊士运河不允许其通过），出大西洋，经加那利群岛的拉斯帕尔马斯，2001 年 12 月 11 日绕过非洲好望角进入印度洋，2002 年 2 月 5 日通过马六甲海峡。2 月 11 日晚抵达新加坡外海，2月 12 日进入南中国海，2 月 20 日进入中国领海。经历 4 年的周折，终于在 2002 年

3月3日抵达我国大连港。2005年4月26日开始由中国海军继续建造改进，这一工程是浩大的，不仅是因为"瓦良格"号主体工程建造未完毕，而且乌方在转交我方之前，已将航母内部的设备仪器几乎全部拆走，"辽宁"号建造之初只是"瓦良格"号的空壳。我国科研人员就是在摸索学习的过程中进行航母的修复工作，目标是对此艘未完成建造的航空母舰进行更改制造，及将其用于科研、实验及训练用途。2012年9月25日，正式更名为"辽宁"号，并交付予中国人民解放军海军使用。

图 10-10　"辽宁"号

10.4 航空母舰的结构

10.4.1 航空母舰的主要构造

航空母舰包括如下几个不同部分，各部分具有不同的功能。

（1）舰岛。舰岛作为航空母舰顶层的关键部位之一，一般采用岛式建筑。它矗立于右舷偏后处，上面设有格子桅，布满了各种指挥、通信、导航天线和其他作战雷达天线。现代航空母舰均将这些上层建筑设计的很紧凑，集中安置在飞行甲板

图 10-11　"伊丽莎白女王"号剖视图

右舷的"舰岛"上，空出甲板的大部分区域来设计分布舰载机的起降和停放区。同时，为了应付现代信息化战争技术的飞速发展，舰岛的设计趋向于小型化和简洁化，以减小雷达截面积，并加装防护装甲以增强防护性能。

（2）飞行甲板。飞行甲板就是航母舰面上供舰载机起降和停放的上层甲板，又称为舰面场。航母的飞行甲板主要是供舰载机停放和起落用的。为了能停放尽可能多的飞机，以及飞机起飞、降落时所受的干扰小些，航母需采用比起船体宽度大得多的飞行甲板。一般说来，大型航母的飞行甲板宽度几乎是舰体宽度的 2 倍，中小型航母的飞行甲板宽度约是舰体宽度的 1.5 倍。

航母的甲板可分为两个类型：直式飞行甲板和斜角甲板。

从航母出现直到 20 世纪 50 年代初，航母的飞行甲板都是直式的，见图 10-6、图 10-7。其形状为矩形，防冲网把甲板分成前后两部分：前部供飞机起飞、停放用；后部则是飞机降落区。当防冲网放下时，前后两区合二为一，舰载机就能从舰艉向前进行不用弹射器的自由测距滑跑起飞。

斜角甲板又叫斜、直两段式甲板，位于飞机甲板的左侧，与舰艇艏艉中心线呈 6～13 度夹角。分为两部分。舰前部直甲板为起飞区，后半部斜角甲板为着舰区，斜直相交处形成三角形停机区。斜式甲板的斜度以斜角甲板中线与航母艏艉中线夹角来表示。斜角甲板的优点是着舰飞机未能钩住拦阻索时，可马上拉起复飞而不至于与前甲板停放的飞机相撞。另外，舰载机起飞和降落可同时进行。

图 10-12 采用斜角甲板的航母模型俯视图

（3）机库。机库为储存和整备航空母舰舰载机的地方，有分成"开放式"和"封闭式"两种。采用开放式结构的航母舰体为机库，甲板上方再额外建造机库墙壁、甲板支撑柱等结构，再加上飞行甲板。开放式机库的优点为通风良好、伤害管制佳、炸弹若击入机库中爆炸造成的冲击波会释放到外面、结构较轻、容纳飞机多以及可依舰载机尺寸做修正。航母自启蒙时期一直到二战中期多为开放式。封闭式机库则为机库与船体结构整个一体成形，飞行甲板为强化结构。封闭式机库的优点有防御力强、结构坚固、核生化防护佳等。

（4）升降机。舰载机升降机是航空母舰上设在机库甲板与飞行甲板之间供舰载飞机升降的装置。按布置位置，可以分为舷内式升降机和舷侧式升降机。舷内式升降机，防浪性和安全性较好，但占用有效空间大，特别在飞机弹射与着舰时不能使用。舷侧式升降机，结构简单，使用方便，被广泛采用。现代大型航空母舰一般

图 10-13 舷侧式升降机

装有 4 部舷侧式升降机，右舷 3 部，左舷 1 部。其升降平台面积可达 370 米²，垂直行程 10 余米，提升能力可达 40 余吨。小型航空母舰多采用舷内式升降机，布置在舰桥一侧，前后各 1 部。中型航空母舰舷内式、舷侧式两者兼用，一般装 2～3 部。

（5）动力。现代航空母舰的动力主机形式一般为柴油机、燃气涡轮机、蒸汽轮机和核反应炉。由于航母属大型舰，以柴油机为主动力推力不足，而燃气涡轮则燃料耗量大，故现代大型航母多用后两者。小型航母如无敌级、阿斯图里亚斯亲王级等则使用燃气涡轮机（有些外加柴油机辅助），而中大型传统起降航母则使用蒸汽轮机，如"戴高乐"号、"库兹涅佐夫"号。这些蒸汽可用于推进涡轮、发电机泵、灭火和注入蒸汽弹射器。若其蒸汽来源为核反应炉者则为"核动力航空母舰"，否则即被称作"常规动力航空母舰"。核反应炉也分作压水式、沸水式以及游泳池式，现大部分使用压水式。

10.4.2 航空母舰舰载机的起降方式

（1）航空母舰舰载机起飞技术。航母的舰载机起飞技术方面，由于舰载机需要较长的助跑才能起飞，而航空母舰的甲板长度有限，所以航空母舰上面通常都有舰载机的助跑措施，主要有 4 种，它们分别是：蒸汽或电磁弹射起飞、斜板滑跃起飞和垂直起飞。此处我们着重介绍目前应用最为广泛的两种起飞方式：蒸汽或电磁弹射起飞与斜板滑跃起飞。

首先是蒸汽弹射起飞，蒸汽弹射起飞是使用一个平的甲板作为飞机跑道，起飞时一个蒸汽驱动的弹射装置带动飞机在两秒钟内达到起飞速度。目前只有美国具备生产这种蒸汽弹射器的成熟技术。在工作原理上，蒸汽弹射器是以高压蒸汽推动活塞带动弹射轨道上的滑块，把与之相连的舰载机弹射出去的。

图 10-14 蒸汽弹射起飞

其次是电磁弹射起飞，电磁弹射起飞采用电磁感应原理来推动被弹射的物体向外运动。与蒸汽弹射器相比，电磁弹射器的优点主要是体积减小了很多，操纵人数也要少百分之三十左右，而且电磁弹射器的弹射力度可控，可以弹射无人机。电磁弹射器是下一代航母舰载机弹射装置，与传统的蒸汽式弹射器相比，电磁弹射具有容积小、对舰上辅助系统要求低、效率高、质量轻、运行和维护费用低廉的好处。目前，美国海军 "福特" 号航母为新型核动力航母，就装备了 4 台电磁弹射器。

图 10-15 电磁弹射起飞系统（左）及即将电磁弹射起飞的飞机（右）

接着是斜板滑跃起飞，斜板滑跃起飞即把甲板的前头部分做成斜坡上翘，舰载机以一定的尚未达到起飞速度的速度滑跑后沿着上翘的斜坡冲出甲板，形成斜抛运动，在刚脱离母舰的一段（几十米）距离内继续在空中加速以达到起飞速度。采用斜板滑跃起飞的航空母舰在舰载机起飞时都必须以 20 节（约 36 千米 / 时）以上速度逆风航行，以加大舰载机相对速度从而帮助舰载机起飞。

图 10-16 歼 15 在 "辽宁" 号上斜板滑跃起飞

（2）航空母舰舰载机降落技术。那么有起飞必有降落，并且降落阶段比起飞更加危险，事故率更高，在航母刚开始进入人们视野的时候，飞机最可靠的降落方式是先落水再由航母打捞起来，但此种方式显然不是人们最想要的降落方式，对于现代舰载机来说这种方式也不可行。对于现代舰载机来说，航母上降落面临诸多苦难。首先，对一二十吨重的舰载机要在 2 秒左右的时间在只有 200 米左右的甲板上由 300 千米 / 时停下来，这是一项非常艰难的任务。其次，民航的跑道大概有一两千米，那战斗机减半，在陆地上一般有一千多米用于战斗机起飞的跑道，而在茫茫的大海上只有 200 米左右的距离，飞行员操作不慎就会坠入海中或撞毁在甲板上造成重大事故。所以做好舰载机的降落是航母上一项非常重要的任务。目前，世界上舰载机降落的方式主要有三种。

第一种是利用拦阻索。航母拦阻索，用于将舰载机高速拦停，是舰载机名副其实的"命线"。岸基飞机着陆时可缓慢减速平飞，而舰载机着陆时必须加速着陆，一旦拦阻索尾钩未能挂住舰载机，必须能快速拉升逃逸。因此舰载机着陆对甲板拦阻装置要求极高。

图 10-17 拦阻索拦截舰载机

第二种是垂直起降。垂直起降技术，顾名思义就是飞机不需要滑跑就可以起飞和着陆的技术。目前仅限于鹞、海鹞、雅克 -38、F-35 等有垂直起降能力的固定翼飞机和直升机。该技术是从 20 世纪 50 年代末期开始发展的一项航空技术。英国、美国、俄罗斯的一些航空母舰采用这种技术。美国正在发展新一代垂直 / 短距起降飞机（V/STOL）随着航空科技的发展，垂直起降技术必将进入一个新的发展高峰。

图 10-18 鹞式垂直起降战斗机

第三种是利用拦阻网。一般在飞机起落架出现问题或拦阻索有故障时使用，主要是保障飞行员安全。拦阻网平时并不设置，而放在跑道左舷边。跑道两侧各有一

图 10-19 拦阻网拦阻舰载机

根可悬拦阻网的支柱，放倒在槽内，与飞行甲板齐平。通常，一旦有着舰需要，甲板人员在两分钟内即可支起拦阻网。飞机冲进拦阻网后，沿机翼两边均匀受阻。此时飞机的功能被拦阻网的阻拦机全部吸收。拦阻网的阻拦机可和阻拦索的阻拦机共用，使用方法也一样。飞机冲进网后，一般连机带网冲出四五十米后停下来。

10.5 了解航空母舰的分类与特点

10.5.1 航空母舰分类

航空母舰按舰载机分类，可分为专用航空母舰和多用途航空母舰。

专用航空母舰可分为攻击型航空母舰、反潜航空母舰（或直升机母舰）、训练航空母舰以及护航航空母舰。护航航空母舰于二战后已全部退役。攻击型航空母舰主要载有战斗机和攻击机。而多用途航母则是集攻击、反潜、训练以及护航为一体，为现代以及未来航母的主流。

航空母舰按排水量大小可分为大型母舰（排水量 6 万吨以上）、中型航母（排水量 3 万～6 万吨）和小型航母（排水量 3 万吨以下）；按动力装置可分为核动力航空母舰和常规动力航空母舰。

10.5.2 优点

（1）极强的攻击性。航空母舰一般不单独活动，它总是由其他舰只陪同，合称为航空母舰编队，又称航空母舰战斗群。整个航母编队可以在航空母舰的整体控制下，对数百千米范围内的敌对目标实施搜索、追踪、锁定和攻击。因其编队可同时使用多兵种、多舰种、多机种，能开辟独立的海战场，故可以真正做到全天候、大范围、高强度、长时间的连续战斗，实现中远海的一体化联合作战。一支标准的航母编队会有以下编制：1 艘航空母舰（为舰队打击力之核心，负责所有作战指挥）、2 至 3 艘潜艇（于航母前方潜航，进行侦查）、4 至 6 艘巡洋舰与驱逐舰（没有巡洋舰的国家则以驱逐舰代替，为舰队提供反潜防空的火力，也能发射巡航导弹攻击沿岸目标）。在采用精确制导武器下，一艘航母一天可以攻击的目标上升到 700 个左右。正常状况下，航母上储存大约 4000 枚各类炸弹以供使用。

（2）强大的防御性。一般来说，航空母舰虽然能投射大量的空中武力，但是其本身的防御能力薄弱，所以需要其他舰艇（包括水面与水下舰艇）提供保护。航空母舰舰队的组成会依照其任务、作战规模和威胁程度而有所不同，一般来说该舰队共有三层保护："外防区"（或称"纵深防御区"）、"中防区"（或称"区域防御区"）和"内防区"（或称"点防御区"）。外防区由航母舰载机承担，中防区则是护卫舰艇提供保护、内防区则是由航母本身的近防武器与舰载直升机完成。

（3）具有功能多样性。由于航母编队的强大攻击与防御性能，使得其在现代海军作战体系中可谓举足轻重，同时也使得它可以担任多种多样的海上任务，呈现功能多样性。在军事任务中，现代航母编队的作用大致可以分作对地攻击、舰队防空、投放与发射核武器、反潜作战、反舰作战、航空管制、空中警戒、两栖登陆支援、电子战、战地指挥等。而在非军事行动任务中，一般可用于海洋搜救，防海盗，打击恐怖活动等。

（4）国家综合实力的象征。国家综合实力的强弱，在很大程度上，可以从航

图 10-20 航母战斗群

母编队上体现出来。这里以美国尼米兹级核动力航母为例，如果按服役 30 年计算，一艘尼米兹级航母编队全寿命费用高达 430 多亿美元。这里还未考虑通货膨胀的影响，每年十几亿美元的资金消耗，称为"吞金怪兽"毫不为过。除了造价和维护费用高昂，航母的建造技术（包括航母所用材料、核动力技术以及舰载武器系统等）也让很多国家感到无力。只有随着综合国力的提高，特别是材料制造技术和造船工业能力的提高，才能够使一个国家有能力发展和建造航母。

同时，航空母舰是一个大型海上活动机场，任何一个拥有航母的国家在中远海海域都具备作战能力。因此，它会带来整个国家军事力量的提升，最直接的就是海军力量编制体制、指挥体系以及后勤保障的变化，甚至于法规条令、作战理论等一系列变化，从而使国家海空力量出现结构性的调整和变化。从这个意义上来说，航空母舰是一个国家综合实力的体现。

10.5.3 弱点

（1）航母的目标大，很容易被发现。整个航母编队少则有七八艘各型舰艇，多则十余艘，其电子元件越来越多，雷达反射截面积大，电磁信号、红外信号、音频信号特征非常明显，很容易被对方各种探测设施发现。被发现后航母编队就要面对敌人多方向，多批次的频繁袭扰和攻击，疲于应付。

（2）航母后勤能力差，需要携带大量的油料和弹药，加上燃料消耗、食物消耗、弹药消耗，舰队需要非常庞大的补给。通常 1 艘核动力航空母舰在无补给条件下只能连续作战 12 昼夜，而常规航空母舰只能连续作战 7 昼夜。海上补给时舰载飞机停止起降易受突袭。

（3）空防网络有漏洞。2000 年 10 月和 11 月，俄罗斯战机两次到"小鹰"号航母上空"视察"，打破了美国航母战斗群"滴水不漏"的防卫神话。航母自卫能力较小，依赖伴随的其他舰艇和潜艇以及其运载飞机的协防，所以打击这些"保镖"就能让航母露出死穴来。

（4）航母甲板上面的弹射器、拦阻器、雷达和水下推进器等是容易被攻击而暂时失去功能的；停在飞行甲板容易被损毁，使航母的攻防效能大大下降。这时，航母更容易被连续攻击、重创，直至被击沉。

（5）航母的战斗力受气象变化的影响较大。尽管航空母舰本身可以经受较强的风浪，在 12 级风浪的海况下也能够航行，但航母上的舰载机易受到海浪和气象条件的影响，风、浪能见度等都会限制飞机起降。美海军规定，风力必须在 6 级以下航空母舰才能起降舰载机。一旦风力达到 8 级，海浪达 6～7 级，大部分舰载机便难以起飞，即使有飞机升空发射器也受气象条件的严重制约。

10.6 展望未来

航母是一个国家综合国力和海军实力的象征。拥有航母是国人由来已久的梦想。中国的航母情结，源于海权尽失的伤痛，源于民族危亡的屈辱。从鸦片战争到甲午海战，从八国联军侵华到卢沟桥事变，回响着中华民族有海无防的慷慨悲歌，烙下了一个民族落后挨打的痛苦记忆。

今天，面对我国1.8万千米的漫长大陆海岸线和300多万千米^{2}的"蓝色国土"，面对日益严峻的海洋安全形势和日趋激烈的海洋权益斗争，建设一支拥有航母的强大海军，是捍卫国家领土、领海主权和海洋权益、维护我国发展重要战略机遇期的必然选择。

第 **11** 章 克敌制胜的法宝
—— 智能弹药

你知道吗？

　　随着战争的演进和高新技术的发展，尤其是战场信息化的特点越来越强，各种新概念、新原理、新功能的武器装备层出不穷，这其中也包含弹药。在信息化的促进下，弹药变得智能起来，其能够针对特定目标实施有效打击，同时避免不必要的人员伤亡，从传统的摧毁有形的、物质的战场目标，转化为摧毁无形的战略型的战场目标。

11.1 初识智能化弹药

　　说到武器，讲起战争，人们总是对飞机、大炮、军舰等武器和武器平台津津乐道，而对弹药却很少说起，了解也很少。其实，在战争中，离开弹药，再先进的武器平台充其量也不过是一件"冷兵器"。弹药是枪弹、炮弹、手榴弹、炸弹、地雷等具有杀伤能力或其他特殊作用的爆炸物的统称，是热兵器中直接消灭敌人和完成各种战斗任务的主要成员。弹药的发展使战争的形态发生了重要的变化，先进的弹药技术逐渐成为主导战争进程、决定战争胜负的重要因素。

图 11-1 各种手榴弹

　　而智能化弹药是一种无人值守的弹药系统，集成了指挥和控制系统、通信设备、传感器和搜索装置等，是具有信息获取、目标识别和毁伤可控能力的弹药，可以自动搜索、探测、捕获和攻击目标，并对所选定的目标进行最佳毁伤。智能化的弹药之所以先进，就在于它可以"有意识"地寻找、辨别需要打击的目标，有的还具有辨别自然语言的能力，是一种"会思考"的弹药系统。

　　智能化弹药在 21 世纪以信息化、网络化为特点的战场上具有作战距离远、命中概率高、毁伤效果好、效费比高和发射后不管等优点。其促使形成了一种新的纵深精确打击作战概念，为决策者提供了新的军事行动方案。

11.2 弹药变形记

中国是古代四大文明古国，火药是古代中国的四大发明之一。秦汉的炼丹术士们把硫黄、硝石和木炭等混合共炼，发明了火药，开创了热兵器时代，揭开了弹药发展的序幕。

11.2.1 古代的弹药

火药发明以后，发石车可用来发射"火药弹"，成为纵火兵器。火铳是中国古代第一代金属管形射击火器，它的出现，使火器的发展进入一个崭新的阶段。元朝火铳问世后，发展很快，在元末朱元璋建立明朝的战争中，发挥了重要作用。明朝建立后，大量制造火铳，加强了边防、海防和城防设施，并于永乐年间组建了专用火器的神机营，促进了明军训练和作战方式的改变，创造和发展了火铳同冷兵器相结合的战术。

图11-2展示了中国古代关于弹药的发明创造。有被誉为现代火箭弹药雏形的"神火飞鸦"，有我国古代水陆两用的"火龙出水"火箭，还有犹如今日手榴弹的"震天雷"，最早的枪炮"火铳"。

神火飞鸦　神龙出水

震天雷　铜制火铳

图 11-2　中国古代弹药

11.2.2 现代弹药

二战以后，随着科技的发展，弹药从传统的火药加钢铁，开始发展为门类齐全的弹药家族：如炮弹、火箭弹、导弹、航空弹药、子母弹药、新概念弹药等。

随着战争技术的发展，为了应对重装甲的坦克，出现了很多反坦克弹药，根据其作用方式的不同，可以分为：破甲弹、穿甲弹、碎甲弹。

除了用来对付单个坦克的反坦克弹药，更出现了针对坦克群的子母弹（见图11-3）。有"分身术"的子母弹炮弹是大面积击毁坦克的有效武器之一。当母弹被送到坦克群上空爆炸后，事先装好的许多子弹会倾泻飞出，扑向坦克，给予坦克群致命的打击。

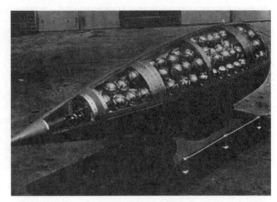

图 11-3 子母弹

除了上述几种弹药，还出现了很多新概念弹药。

碳纤维弹药的弹丸内装的是大量极细密的碳纤维（见图11-4）。这种碳纤维丝很细、很轻，可以随风飘移到任何角落，无孔不入，且导电性极强，可使电力设施短路，也可使计算机等电子设备击穿和损坏。

图 11-4 碳纤维弹药

钻地弹（见图11-5），能够有效对付隐藏在地下的军事设施，并且能够利用动能侵彻到地下一定深度后才引爆。

电磁脉冲弹（见图11-6），电磁脉冲和高功率微波武器能以其瞬间功率骤增而对电子设备产生巨大的破坏力。该武器能在很短时间内产生高能脉冲，并进而产生瞬间数千伏电压聚增以破坏半导体设备。

图 11-5 钻地弹

云爆弹（见图 11-7），是一种燃料空气炸药或油气炸药。由于这种燃料空气炸药爆炸后会产生巨大的冲击波从而造成杀伤，且又会使炸点周围一定范围内形成缺氧区域而产生窒息作用，因而亦有人将其称为气浪弹或窒息弹。

图 11-6 电磁脉冲弹

图 11-7 美国 GBU-43B 云爆弹

11.2.3 智能化弹药

前面的内容揭示了不同的弹药，所展示弹药的发展主要集中在战斗部的变化上，为对付不同的目标和满足不同的作战目的，研究人员发展出各种先进的战斗部技术（毁伤技术），这丰富了弹药的种类，但威力只是弹药的一方面，精度也是同等重要的一方面。需要说明的是，弹药系统涉及威力和精度两方面的技术，我们如今看到的弹药精度的提高得益于 20 世纪中期以来的光电技术、信息技术快速发展，提高威力的技术主要依赖人们很早就开始研究的火炸药（化学）。弹药技术是精度和威力并重的，对付未来战争威胁的最佳方式，就是实施远程精确打击，不仅可以降低弹药消耗，还能减少附带损伤，力争以最小的代价取得最大的胜利。

弹药目前正在向灵巧型、智能型方向发展。智能弹药将情报、监视、侦察功能与火力打击能力融为一体，既能发现和快速跟踪目标，也能攻击和摧毁目标，具有多种功能，如反飞机、反导弹和远程拦截等。

11.3 了解智能化弹药的分类

11.3.1 制导弹药

导弹也是一种制导弹药，其精确度、攻击距离是各类制导弹药中最大的，当然其技术也是最为复杂、制造成本也是最高的。其他种类的制导弹药则是成本和精度的折中，种类如下。

（1）制导炸弹。

制导炸弹是有制导装置和空气动力操纵面而无航行动力的航空炸弹，亦称"灵巧炸弹"。在精确制导武器中，航空制导炸弹占有重要地位，它是广泛使用的航空炸弹之一，用于炸毁仓库、桥梁、堤坝、隧道等小型重要目标。它和非制导炸弹相比，命中精度高，可滑翔数千米到数十千米，载机可在远距目标的上空投掷，以提高载机的生存能力。按制导方式可分为激光、电视、红外、无线电等类型。

图 11-8 美国"杰达姆"制导炸弹
（通过在传统航空炸弹上加装制导装置，该制导炸弹是既降低研制费用又提高精度的典范）

图 11-9 激光制导炮弹攻击原理示意图

（2）制导炮弹。

制导炮弹利用炮弹自身的制导装置，发射后能修正弹道，减小炮弹落点与目标的距离偏差。制导炮弹与一般炮弹的差别，主要是弹丸上装有制导系统和可供驱动的弹翼或尾舵等空气动力装置。这种制导弹药提高了火炮射击精度，适于对付远距离目标。

（3）制导火箭弹。

制导火箭弹是在传统的火箭弹上加装制导设备的制导弹药，传统火箭弹射程远，但精度低，作为压制性、面打击武器曾发挥了很大的作用。现代战争对点目标精确打击、减少附带损伤的要求日益凸显，制导火箭弹的出现也就应运而生。

（4）制导子弹（见图 11-10）。

枪械射手在向远距离的目标射击时，子弹飞行过程受到很多因素的影响（如风、空气阻力、重力），这使得子弹很难命中目标，对于狙击手而言射击未中往往会暴露自己从而陷入危险当中。在子弹上加装一个传感器以探测目标信息，传感器把信息传给制导和指挥元件，后者通过中央处理器指挥电磁传动装置。传动装置则引导微型弹尾，指引子弹击中目标。

图 11-10 制导子弹

11.3.2 新型弹药

（1）末敏弹。

末端敏感弹药由母弹和发射装药组成，又称"敏感器引爆弹药"，或"现代末敏弹"或"炮射末敏弹"，是一种能够在弹道末段探测出目标的存在，并使战斗部朝着目标方向爆炸的现代弹药，主要用于自主攻击装甲车辆的顶装甲，在 21 世纪信息化战场上具有作战距离远、命中概率高、毁伤效果好、效费比高和发射后不管等优点。

图 11-11 末敏弹攻击装甲车辆

（2）智能雷。

智能雷又称广域值守弹药，是为了规避反地雷国际公约，将传统地雷与网络技术、信息技术以及声、光、电技术相结合，可用于攻击坦克装甲车辆和反超低空飞行的武装直升机。例如 M93"大黄蜂"广域值守弹药可以手工布设或由地面抛撒布雷车、直升机等布设。布设后，8 条支架和 3 个声探测器展开，传感器开始监测。一旦目标进入 100 米毁伤半径内，点火发射子弹药。子弹药在飞行过程中，其红外探测器寻找并定位目标，之后发射爆炸成型战斗部进行打击。

图 11-12 智能雷

（3）巡飞弹。

巡飞弹是传统弹药技术与无人机融合的武器系统，按照用途分类，巡飞弹可分为侦察型和攻击型两种。侦察型巡飞弹搭载光电、雷达等载荷，可执行侦察监视、毁伤评估等任务，而攻击型巡飞弹与侦察型巡飞弹最大的不同是其增加了战斗部及攻击系统，可自主攻击目标。巡飞弹也被誉为"徘徊在天上的死神"。

图 11-13 巡飞弹攻击装甲车辆
（巡飞弹发射后经过指引"接力"到达目标上空区域，执行侦察或打击任务）

11.4 弹药智能的奥秘

智能弹药是 20 世纪中期开始进入人们视野的，其产生得益于光电技术、信息技术的发展。

11.4.1 智能弹药的"眼睛"

智能弹药得有自己的"眼睛"——传感器，借助"眼睛"，智能弹药才能接收目标信息和环境信息。

（1）声传感器：声传感器是一种通过对运动目标发出的声信号进行接收、处理后实现对目标侦察探测的侦察装置。

（2）红外传感器：这是一种能够感应目标辐射的红外线并将其转换成电信号后对目标进行识别探测的侦察设备。

（3）震动传感器：它类似于记录地震和原子弹爆炸震波的地震仪，能够感知周围环境发生的震动，是传感器中使用最为普遍的一种。

（4）磁性传感器：它的探测器为一个磁性探头。磁性探头工作时，能连续发出无线电信号，并在周围形成一个静磁场，当铁磁金属制成的物体如步枪、车辆等进入这个静磁场时，就会感应产生一个新的磁场，从而扰动了原来的静磁场。目标运动所产生的干扰使磁场发生变化，引起传感器中电信号的产生，进而实现对携带武器的人和车辆的探测。

除了列举出的几种"眼睛"外，还有 GPS 接收机（获取弹体自身实时空间位置信息），激光接收机（接收从目标反射回来的激光），等等。

11.4.2 智能弹药的"大脑"

人类通过把来自人体各个传感器（眼、耳、鼻、四肢）的信息和外物（声音、气味、触觉）组合起来并结合已经存储起来的知识，去理解周围环境和正在发生的事件。智能弹药之所以被称为"智能"，是因为和人类有相似的"思考""决策"方式，借助传感器接收目标信息和环境信息，这些信息输入到"大脑"——弹上微型计算处理单元，通过计算分析，识别和确认目标，并向弹上执行机构发出动作指令（如确定战斗部起爆时机，或者修正弹道）。也正因为如此，智能弹药比常规弹药的精度以及毁伤效果要好。

图 11-14　智能弹药的"大脑"执行多传感器数据融合进而进行"决策"

11.5 展望未来

从越南战争中激光制导炸弹的首秀，到海湾战争首次成规模使用制导武器，再到伊拉克战争中智能弹药占有 90% 的使用率。近些年的战场使用情况表明，智能弹药越来越成为未来战争的主角。

从未来信息化战争的特点和地面智能弹药的发展趋势来看，各个地面智能弹药孤立地作战还不能够充分发挥其最佳效能。如果能够通过无线通信网络建立起各个地面智能弹药间的相互协作关系并与预警传感器和有人值守的系统监控站形成一个灵活可控的有机整体，探测、识别、打击多个目标，将显著增强地面智能弹药的作战效能。如果再与战场上的其他信息化武器系统密切协同，将会发挥出更高的作战效能，这是"地面智能弹药"的重要发展方向。

网络化弹药即由多个智能弹药、多个预警传感器、系统监控站组成无线组网，建立起各个地面灵巧弹药间的相互协作关系并与预警传感器和有人值守的系统监控站，形成灵活可控的一体化侦察、监视和火力打击武器系统。

2000年2月，美国陆军军方提出了"未来作战系统"的概念，概念中指出陆军应逐步改造成为一支能在各种军事行动中取得主导地位的、信息时代的战略反应部队——未来部队。未来部队的核心装备则是美国陆军目前正在大力发展的"未来作战系统"（FCS）。智能弹药系统是陆军未来作战系统的一部分，由可通过网络相互协同探测目标的多功能节点和受控制的先进弹药组成。该系统将完全与美军部队的指挥、控制、通信、计算机、监视和侦察 (C^4ISR) 系统、全球信息栅格 (GIG) 和通用作战图像 (COP) 等系统融为一体，可人工布设，或使用现有平台采用多种投射手段进行部署，也可用有人或无人驾驶平台远距离部署。

第 12 章 通向未来战争

—— 电磁武器

你知道吗？

还记得小说《天龙八部》里边有一招叫"六脉神剑"吗？发功时，运功者将内力聚集于指尖并隔空激发出去，状如一道剑飞向敌人，小说中，这种无形的武器与其他种类的兵器完全不同，十分新颖；还记得科幻电影里面有一个叫钢铁侠的超级英雄吗，在面对敌人时，钢铁侠的武器就是手掌心射出的激光束，这个武器使用方便而且威力很大。那现实中有没有这样的武器呢？答案是有的。这种武器就是电磁武器。

12.1 什么是电磁武器

电磁武器，是一种发射高功率电磁波，能直接杀伤、破坏或使目标丧失作战能力的新概念武器，其主要攻击目标是雷达、通信、导航、敌我识别、计算机军用电子设备以及武器控制及制导系统，能够击穿电子元件，烧毁敌方电子设备，永久地损坏电子系统，它几乎可以对付所有现代战争中最先进的武器。

图 12-1 科幻电影中的电磁武器威力大而且使用方便

12.2 从阿基米德说起

公元前 3 世纪，强大的罗马帝国舰队在对城邦 Syracuse 展开进攻，危急时刻阿基米德利用多面镜子将太阳光聚集于舰队舰船上，从而引燃了舰船（见图 12-2）。这可以称得上是最早的电磁武器了。

图 12-2 阿基米德引燃舰船

二战时期，德国研发了许多新式武器，声波炮就是其中一种。其将甲烷燃烧时的声波收集、加强，并向一定方向传播，可造成人员的感官、神经系统、内脏器官损伤。然而这样的武器在战场上并不实用，其体积大易被发现，并且普通的轻武器就能打坏。虽然声波炮利用的是声波，不

图 12-3 德国研制的声波炮

属于电磁武器，但其设计思想和能够定向发射的电磁武器一致。

二战结束后，美国和苏联陷入军备竞赛，除了核武器，电磁武器的研究也被两国放在重要地位。

1963 年 7 月 9 日，美国在太平洋的约翰斯顿岛上空 40 千米处进行空爆核试验后，

距离数千千米外的檀香山岛上数百个警报器全部失灵，瓦胡岛的照明变压器被烧坏，檀香山与威克岛的远距离短波通信中断。与此同时，距爆心投影点1300千米的夏威夷群岛上，美军的电子通信监视指挥系统也失灵了。后来，美国人通过研究发现，氢弹爆炸时，早期核辐射中的 α 射线会与周围物质中的分子、原子相互作用，激发并产生高速运动的电子，大量高速运动的电子形成很强的电场。爆心范围内的电场强度可达到几千伏/米到几万伏/米，并以光速向四周传播，进而影响远处的电子、电气设备。据测算，一枚当量为1000吨的氢弹在40千米高空爆炸，其电磁脉冲辐射可影响整个欧洲。

图 12-4 利用激光武器拦截洲际导弹的想象图

于是在冷战结束前，美国计划开发电磁武器来抵御苏联的核武器，20世纪80年代，美国总统罗纳德·里根提出了雄心勃勃的"战略防御计划"——也就是所谓的"星球大战"计划。"战略防御计划"中提到在太空中部署激光武器来摧毁飞行中的洲际弹道导弹。尽管在太空中部署激光武器的计划不切实际，而且它的成本非常昂贵，最终被取消，但是该计划还是为电磁武器的发展奠定了基础。

在20世纪90年代的海湾战争中，电磁武器进行了首秀。在以美国为首的多国部队对伊拉克空袭的初始阶段，巴格达的上空曾飞临过一批神秘的"战斧"巡航导弹。这些巡航导弹直逼伊拉克一些重要的通信、广播和指挥控制设施的上空，然后在其上空突然神秘消失了。接着令人不解的事发生了：伊军在这些巡航导弹炸点附近的许多电子设备突然丧失了工作能力，这些电子设备整体上没有被摧毁也没有遭到电子干扰和压制，但是，电子设备中的一些电子器件却被神秘地毁坏了。

这个奇怪的现象，在很长一段时间内都是一个谜，直到战争结束之后，人们才通过美军公布的材料了解到其中的奥秘。巴格达上空那些神秘的"战斧"巡航导弹，正是美军的试验性战术型电磁脉冲弹，电磁脉冲弹产生电磁波覆盖在城市上空，对地面上电子设备造成巨大危害，从而使得电子设备失灵，不能正常运行工作。

12.3 典型的电磁武器

12.3.1 电磁脉冲弹

美国在海湾战争中使用的"战斧"巡航导弹，就是电磁脉冲弹的一种。它跟普通的导弹一样发射，到达目标附近爆炸，放出高功率脉冲微波，进而打击目标雷达通信系统。电磁脉冲弹主要由电磁战斗部和点火装置两部分构成。前者是高功率发生器，基本部件包括电源、微波谐振装置和辐射微波波束的天线；后者视弹种而异，可包括雷达高度表、气压计引信或 GPS 惯性制导炸弹使用的导航系统。

12.3.2 激光武器

激光武器是将高能的激光汇聚后对远距离的目标进行精确射击或用于防御导弹等的武器作为一种高毁伤性的武器，激光武器产生的光具有极大的能量，其实这种光也是一种电磁波，所以在电磁武器中，目前技术相对成熟的激光技术也可以在未来战场中大放异彩。

图 12-5 激光武器（2012 年 12 月，洛克希德－马丁公司研制的 ADAM 区域激光武器原型机进行测试，成功摧毁了 1 枚通过钢丝线从 1.6 千米外飞来的火箭弹。）

常见的便携式激光武器是激光致盲武器，又称为低能激光武器或激光枪，即致盲武器所发射的激光能量较低，只是通过向目标敌人定向发射激光，使敌人产生炫目，其使用的效果与俗称的闪光弹类似。但是激光武器可以定向发射，定向打击敌人。就像我们多媒体上课用的激光笔，光路是笔直的，不会造成大范围的炫目强光效果，避免误伤友军。

图 12-6 激光武器攻击目标示意图

12.3.3 高功率微波定向发射型武器

高功率微波定向发射型武器，又称电磁射频武器，是指能产生定向发射微波能量，用于打击空中、地面实体目标的武器系统，可作为防空武器对付飞机、巡航导弹、反舰导弹的攻击，还能对付激光、红外制导炸弹和隐身武器；可用作超级干扰机，采用与电子干扰相同的工作方式，干扰敌方各种电子设备；还可用作高功率微波雷达提高雷达的功率和距离分辨率。

图 12-7 车载电磁射频武器

高功率微波定向发射型武器就像我们所熟知的防空炮。不同的是，现有的传统防空炮发射的是炮弹或者是短程导弹，而高功率微波定向发射型武器发射的是高功率脉冲微波。当飞机或者是导弹向我方飞来的时候，我们可以向其发射一束高功率的微波，微波击中飞机或者导弹后会破坏飞机的导航系统或者导弹的引信，使得飞机无法操控，导弹无法识别破坏目标，从而保护我方安全。

12.4 电磁武器杀伤机理

12.4.1 电磁武器是如何造成杀伤的

电磁武器是通过向目标发射高功率电磁波，来破坏和干扰敌方武器系统，信息通信系统中的敏感电子部件，以及对有生力量进行杀伤。电磁波在生活中十分常见，例如光、手机信号，那么这样的一种很常见的电磁波又是如何造成杀伤效果的呢？

我们先来介绍一下电磁波能量的相关知识。电磁波所携带的能量与波的频率成正比，$E=hv$，h 是普朗克常数，v 指的就是频率，单位是赫兹。就是说电磁波的频率越高所携带的能量就越大。同学们听广播的时候会经常听到，调频 95.8 兆赫，说的就是广播所用的电磁波频率为 95.8 兆赫左右，而我们的雷达发射的电磁波频率更是高达 1 吉赫以上，但是这么高频的电磁波为什么我们感觉不到它有破坏效果呢？

秘密就在于接下来要介绍的功率密度。所谓功率密度，是指单位时间单位面积上接收的电磁波能量，当微波能量密度达到 0.01 微瓦 / 厘米 ^{2} ～ 1 微瓦 / 厘米 ^{2} 时，可使相应波段雷达瘫痪，达到 10 瓦 / 厘米 ^{2} ～ 100 瓦 / 厘米 ^{2} 时，可烧毁任何此波段的电子元器件。并且还可以无视防御和装甲直接杀死内部的工作人员。就好像用凸透镜把太阳光聚焦的一个点上，这样在这个点上就具有了很高的功率密度，从而就能产生杀伤效果了。

电磁武器具备杀伤能力就归功于特有的"凸透镜"——脉冲功率源，脉冲功率源可以对大量能量进行"调节"，在时间上将其压缩到更高的功率，以便能提供极高峰值功率能流。

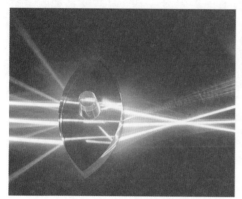
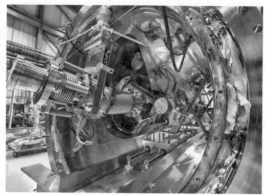

图 12-8　凸透镜会聚光线（左）和全固态脉冲功率源（右）

12.4.2 电磁武器的三种杀伤效果

（1）电磁干扰。主要杀伤对象是雷达、引信等侦察、通信设备。射频武器发出的微波波段与雷达信号的波段相一致，这样雷达在接收目的信号的同时也会将射频武器发出的信号一并接收，从而切断了敌方的雷达引信通信，甚至是信息误导。与此同时，高功率微波在射向目标时会在目标结构的金属表面或金属导线上感应出电流或电压，这种感应电压或电流会对目标上的电子元器件产生多种效应，如造成电路中器件的状态反转、器件性能下降、半导体结的击穿等。由于微波为人眼看不到，同时也摸不着，因此，一旦遭受损毁，故障原因也难以发现。

（2）电磁器件毁伤。微波到达敌方目标后会使目标加热导致温度升高，如烧毁击穿电路器件，导致敌方武器失灵不能正常使用，过程结果如图 12-9 所示，经过微波辐射后，电子器件就会出现烧毁的现象，主要原因是由于局部的电流过大，造成电路短路，从而烧毁电子元器件，从而导致

图 12-9 电磁器件毁伤

整个器件的不能工作。

（3）对有生力量的杀伤效果。对于人体而言，接收微波功率密度达 10 微瓦 / 厘米² ～ 50 微瓦 / 厘米² 时，会造成作战人员神经混乱、行为错误、痉挛甚至失去知觉；当接收功率密度达到 100 微瓦 / 厘米² 时，人的心肺功能会衰竭；当接收的微波功率密度达到 15 瓦 / 厘米² 时，人体皮肤会受到灼伤；当达到 20 瓦 / 厘米² 时，2 秒内将使人体达到三度灼伤；当功率密度达到 80 瓦 / 厘米² 时，1 秒内可以将人烧死。生活中，我们把生肉放在微波炉里加热，一段时间后生肉就熟了，这就是利用了微波的能量。

12.5 了解电磁武器的特点

12.5.1 低附带杀伤

传统的飞机火炮所进行的战争必然是尸体遍野，血肉横飞，许多与战争无关的平民也无辜的死亡、受伤。而我们的电磁武器可以精确打击目标。而且现阶段电磁武器最主要的作用是破坏敌方的信息化系统，切断敌方的侦察、通信，进而主导信息化战争局势。这种打击符合未来战争需求，士兵直接在作战室内控制武器对目标的精确打击，避免了对人类生命体征直接的打击，从而减少战争的伤亡。如图 12-10 所示，一群士兵在室内控制战场的武器系统对目标的打击过程，只需要这种技能士兵能够隐藏在足够隐蔽的位置，就可以避免敌方的武器的攻击，从而避免战场上的正面接触，减少人员伤亡。

图 12-10 传统战争（左）和信息化战争（右）场面
（以信息化为重要特征的未来战争力求最小的不必要人员伤亡，而电磁武器的低附带杀伤契合这一要求）

12.5.2 现代战争武器的克星

电磁武器作为未来战争的主导者，在很大程度上能够克制现代战争中的很多尖端武器，如隐身飞机，洲际导弹等，相信未来的战争将会是电磁武器的天下。

为什么说高功率电磁武器是隐身武器的克星,因为隐身武器的隐身在很大程度上是得益于吸收电磁波的能力强,一旦遭到电磁武器照射,便大量吸收微波能量,产生高温,使武器烧毁。同时,电磁武器可实施扫描型、撒网式的全面攻击,在一个区域范围内罩住目标,无论是隐身飞机、隐身军舰、隐身坦克等都难逃电磁武器布下的天罗地网。

波兰"PL-01"隐身坦克　　维斯比级 K-32 号隐身导弹艇

F-22 隐身战斗机　　AGM-129 隐身巡航导弹

图 12-11 各种具备隐身功能的武器装备

对于洲际导弹,电磁武器发射的微波可以摧毁导弹内部的引信系统、电子系统、起爆系统,使得导弹变成一枚哑弹。洲际导弹接近目标的过程中是靠引信系统和相应的电子系统对目标进行定位、瞄准的,当高功率的电磁波击中导弹,会破坏引信和电子系统,这样导弹就像是没了眼睛,无法准确看清目标了。

12.5.3 安全环保无污染

现代战争是充满硝烟的战争,传统的炸药、导弹等都是消耗化学能源和金属储备来达到爆炸毁伤的,而传统炸药中有害物质较多,随着战争的进行,含硝、苯、重金属等的有害物质,甚至是核辐射会严重的破坏我们的环境。而电磁武器发射的是电磁波,在理论上是不会对我们的生存坏境产生巨大破坏的。

随着地球能源、矿石的不断消耗,武器装备对于能源、材料的需求也将会越来越大,传统的依靠化学能源的武器装备将面临挑战。而我们的电磁武器发射的是电磁波而不是传统的化学炸药,随着电磁技术的不断发展,现在利用太阳能、风能、水能产生电磁能的技术越来越成熟,因此,电磁武器很大程度上可以脱离对化学能源的依赖，成为未来战争中的主角。

12.5.4 作战射程长，速度快，覆盖面广

为了提高电磁武器的作用距离，以及在远距离上具有较高的能量，电磁武器的天线可以把高能微波汇聚成很细小的微波束。而且电磁武器的理论射速接近于光速，从太平洋一侧向另一侧的目标发射一束高功率的微波，只需要不足 0.2 秒的时间就可以命中目标。当然现有的电磁武器想要达到全球射程还需要进一步提高电磁波的发射功率，相应地，也要克服高功率电磁波在空气中远距离传输的技术问题。但是随着技术的发展，电磁武器超高的打击速度必将成为未来战争的绝对优势。

12.6 展望未来

未来战争注定是信息化的电子对抗战争，而电磁武器必将在未来战争中作为主要角色而被广泛运用。我国在这一领域起步较晚，与发达国家存在较大的技术差距，还需要我们几代人不断地努力学习，不断地自主创新，发展我们国家的现代高功率电磁武器。

第 13 章 钢铁战士
——军事机器人

你知道吗？

随着科学技术的发展，世界各国的军事力量已经从冷兵器时代进入枪炮弹药甚至远程攻击的信息化时代，今后军事力量则很有可能随着物联网的发展，转化成军事机器人为作战先锋的无人远程化战场。由于机器人"大狗"的不断改进以及 Atlas 人形机器人的惊艳问世，越来越多的人开始关注军事机器人——这一战场上的新战士。军事机器人作为未来战场上的主要侦察、运输以及作战力量，其先进技术与拥有数量决定了各国军事战场格局的变化，成为各国争相投入大量资金研究的对象。

13.1 军事机器人变形记

军事机器人是一种用于完成以往有人员承担的军事任务的自主式、半自主式或人工遥控的机械电子装置。它是以完成预定的战术或战略任务为目标，以信息处理技术和通信技术为核心的智能化武器装备。

图 13-1 我国自主研制的无人机 "翼龙 I"

机器人一词的出现虽然是近百年的事，但世界各国对机器人的幻想与追求却已有 3000 多年的历史。人们希望制造一种机器，以便代替人类完成各种工作。我国古代时期就有对机器人的文字描述。西周时期，能工巧匠偃师用动物皮、木头、树枝制出了能歌善舞的伶人，这是中国最早记载的木头机器人的雏形；汉代科学家张衡发明了计里鼓车，计里鼓车每行 1 里（1 里为 500 米），车上木人击木马车鼓 1 下，每行 10 里击钟 1 下；《三国演义》中蜀国丞相诸葛亮成功地制造出了"木牛流马"，并用其运送军粮，成为军事用途的机器；15 世纪达·芬奇对机器人进行了研究，在其留下的手稿中，展示了人形机器人的设计方案（见图 13-2）……

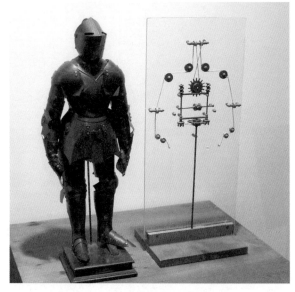

图 13-2 根据达·芬奇手稿复原的人形机器人，仅依靠滑轮和绳子就能完成和人一样的关节活动。

20 世纪是科学技术大飞跃的时代，20 世纪结出的璀璨的科技果实中有一颗就是机器人，而残酷的战争催生了军事机器人。

在两次世界大战之间，科技迎来了短暂的繁荣，机器人进入军事领域。当时主流思想主张把无人机做成靶机，用来训练炮兵、防空部队或飞行员——遥控靶机飞行，请其他部队练习射击，的确比以前飞行员驾驶飞机拉着靶机在自己身后追着跑要安全得多。而且，这也是一种回收利用第一次世界大战大量库存飞机的好办法。于是，英国在 20 世纪 30 年代末把"虎蛾"（Tiger Moth）双翼飞机改造成靶机，将其重新命名为"女王蜂"（Queenbee）（见图 13-3）。

图 13-3 英国"女王蜂"靶机

第二次世界大战期间，德国人就研制并使用了扫雷及反坦克用的遥控爆破车，美国则研制出了遥控飞行器，这些都是最早的军事机器人。

图 13-4 德国人研制的哥利亚遥控炸弹车（左）以及美军在二战期间大量使用无线电遥控飞机作为靶机（右）

计算机技术、遥控技术的飞速发展，使军事机器人的发展迈上了新的台阶。二战以后，现代军事机器人的研究首先从美国开始，1966 年，美国海军使用机器人"科沃"，潜至 750 米深的海底，成功打捞起一枚失落的氢弹。之后，美、苏联等国又先后研制出"军事航天机器人""危险环境工作机器人""无人驾驶侦察机"等。机器人的战场应用也取得突破性进展。20 世纪 60 年代，美国在越南战争中使用无人机执行军事侦察，减少了人员的伤亡。自此以后，世界各军事大国开始竞相"征召"这种不畏危险恶劣环境、可连续工作、不避枪林弹雨、不食人间烟火的"超级战士"服役。

图 13-5 我国自主研制的 WZ-5 无人机
（该型无人机是我国科研人员对缴获的美军无人侦察机进行技术研究后研制而成）

20 世纪 90 年代，在接连不断的局部战争推动之下，军事机器人的发展产生了质的飞跃。无人机在海湾、波黑及科索沃战场上空大显身手，水下机器人帮助人们清除水雷、探索海底的秘密，地面机器人为联合国维和部队排除爆炸物、扫除地雷，空间机器人则成了火星考察项目的明星。

随着新一代军事机器人自主化、智能化水平的提高并陆续走上战场，"机器人"战争时代已经不太遥远。未来战场上的机器人数量将超过士兵的数量。一种高智能、多功能、反应快、灵活性好、效率高的机器人群体，将逐步接管某些军人的战斗岗位。机器人成建制、有组织地走上战斗第一线已不是什么神话，可以肯定，在未来军队的编制中，将会有"机器人部队"和"机器人兵团"。尸横遍野、血流成河的战斗恐怖景象很可能随着机器人兵团的出现而成为历史。机器人大规模走上战争舞台，将带来军事科学的真正革命。

13.2 军事机器人的分类及典型介绍

13.2.1 军事机器人分类

军事机器人是机器人中极为重要的分支。它们外形千姿百态，尺寸大小不一，军事机器人按照军事用途可以分为：地面机器人、空中机器人、水下机器人和空间机器人。

（1）地面机器人。主要是指智能或遥控的轮式和履带式车辆。根据智能程度，它可分为自主车辆和半自主车辆。自主车辆依靠自身的智能导航，躲避障碍物，独立完成各种战斗任务。半自主车辆可在人的监视下自主行驶，在遇到困难时操作人员可以进行遥控干预。

根据用途，地面军事机器人又可以分为侦察巡逻机器人、爆炸物处理机器人（见图 13-6）。

图 13-6 爆炸物处理机器人

（2）空中机器人。空中机器人又叫无人机，近年来在军用机器人家族中，无人机是科研活动最活跃、技术进步最大、研究及采购经费投入最多、实战经验最丰富的领域。无人机是一种有动力的飞行器，它不载有操作人员，由空气动力装置提供提升动力，采用自主飞行或遥控驾驶方式，可以一次性使用或重复使用，并能够携带各种任务载荷。广义的军事无人机系统不仅仅指一个飞行平台，它是一种复杂的综合系统设备，主要由飞行器、任务载荷、数据传输/通信系统和地面站4个部分组成。按功能可以分为无人战斗机、无人侦察监视机、电子战无人机、多用途无人机、通信中继无人机等（见图13-7）。

（3）水下机器人。它是一个水下高技术仪器设备的集成体，除集成有水下机器人载体的推进、控制、动力电源、导航等仪器和设备外，还需根据应用目的的不同，配备声、光、电等不同类型的探测仪器（见图13-8）。它可适于长时间、大范围的侦察、维修、攻击和排险等军事任务。按功能分为反潜水下机器人、侦察监视水下机器人、反水雷水下机器人、作战水下机器人等。

（4）空间机器人。空间机器人是一种轻型遥控机器人，可在行星的大气环境中导航及飞行（见图13-9）。它能在三维环境中运动并自主导航，能够实时确定空间的位置及状态，并为其星际飞行预测、规划路径。空间机器人按功能可以分为自由飞行机器人、舱内服务机器人、舱外服务机器人、星球探测机器人等。

13.2.2 典型军事机器人介绍

（1）"大狗"机器人。"大狗"

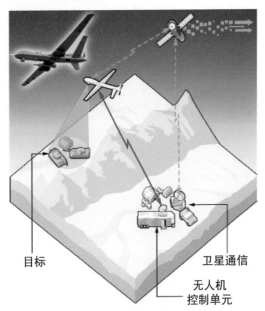

目标　　　　　　　　　卫星通信

无人机
控制单元

图 13-7　无人机作战

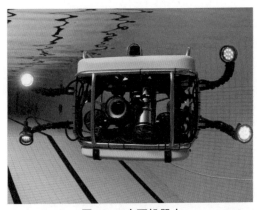

图 13-8　水下机器人

图 13-9　空间机器人

机器人（Bigdog），因形似机械狗被命名为"大狗"。由波士顿动力学工程公司（Boston Dynamics）专门为美国军队研究设计。与以往各种机器人不同的是，"大狗"并不依靠轮子行进，而是通过其身下的 4 条"铁腿"。"大狗"的 4 条腿完全模仿动物的四肢设计，内部安装有特制的减震装置。机器人的长度为 1 米，高 70 厘米，质量为 75 千克。这种机器狗的体型与大型犬相当，能够在战场上发挥非常重要的作用——在交通不便的地区为士兵运送弹药、食物和其他物品。它不但能够行走和奔跑，而且还可跨越一定高度的障碍物。该机器人的动力来自一部带有液压系统的汽油发动机。

它不仅仅可以爬山涉水，还可以承载较重负荷的货物，而且这种机械狗可能比人类跑得都快。"大狗"机器人的内部安装有一台计算机，可根据环境的变化调整行进姿态。而大量的传感器则能够保障操作人员实时地跟踪"大狗"的位置并监测其系统状况。这种机器人的行进速度可达到 7 千米／时，能够攀越 35 度的斜坡。它可携带重量超过 150 千克的武器和其他物资。"大狗"既可以自行沿着预先设定的简单路线行进，也可以进行远程控制，"大狗"机器人被称为"当前世界上最先进适应崎岖地形的机器人"。

图 13-10 "大狗"机器人进行野外自主爬坡（左）以及参与美军战术行动（右）

（2）Atlas 机器人。Atlas 机器人 (Atlas Robot) 是专为各种搜索及拯救任务而设计的一个身高 6 英尺 (1.8 米) 的双足人形机器人，同样是由波士顿动力学工程公司（Boston Dynamics）研发，于 2013 年 7 月 11 日首次向公众亮相。其一出现就广受人们关注，这是因为它太复杂，比常见的机器人太先进了。说其复杂，这是由于对于 Atlas 以及其他的两足机器人，两足运动的"不平衡控制"是机器人研究真正的挑战，两足机器人在两足运动的基础上，顺利完成各种动作，难度非常大，研发团队需要有很高的技术水平。说其先进，除了是由于 Atlas 采用了运算能力强大的计算机作为"大脑"和装有各种精密仪器，还在于其是仿人的——因而具备了完成一些人类才能完成的动作的潜能（将来可能会成为机器战士）。

2016 年 2 月发布的新一代的 Atlas 采用内置电池供电，也更小更轻，能够出色完成在户外的雪地上长距离行走（见图 13-11），Atlas 能够取货、搬运，行走奔跑，以及执行其他任务：开车、清理残骸、打穿一面墙、关闭阀门、连接消防水管等。这得益于 Atlas 腿部和身躯增加了保持平衡的传感器，头部配置了能够改进导航和避障的激光雷达和立体视觉传感器。在试验训练过程中，Atlas 展示了如同人类一样的应变能力，业界都将其视为"最先进的机器人"。

图 13-11 2016 年发布的新一代 Atlas 机器人

（3）"全球鹰"无人机。"全球鹰"无人机由美国诺斯罗普－格鲁门公司研制，是世界上飞行时间最长、距离最远、高度最高的的无人机（截至 2016 年，见图 13-12）。"全球鹰"无人机的诞生是为满足远程侦察能力的需要，是美国"高空持久性先进概念技术验证"（ACTD）计划的一部分，该计划于 1995 年启动，无人机于 1998 年 2 月首飞。依靠机上的先进设备，"全球鹰"具有从敌占区域昼夜全天候不间断提供数据和反应的能力，并随时都可以执行军事任务。"全球鹰"最大飞行速度 740 千米 / 时，巡航速度 635 千米 / 时，航程 26000 千米，续航时间 42 小时，可从美国本土起飞到达全球任何地点进行侦察。其翼展 39.9 米，长 14.5 米，高 4.7 米，翼展和波音 737 相近，"全球鹰"能在 2 万米高空穿透云雨等障碍连续监视运动目标，准确识别地面的各种飞机、导弹和车辆的类型，甚至能清晰地分辨出汽车轮胎。"全

图 13-12 "全球鹰"无人机

球鹰"一天之内可以对约 13.7 万千米^2 的区域进行侦察，经过改装可持续飞行 6 个月，只需一两架即可监控某个国家。

伊拉克战争中，美国空军只使用了两架"全球鹰"无人机。但这两架"全球鹰"无人机却在伊拉克上空执行了 15 次作战任务，搜集了 4800 幅目标图像。据统计，在美空军进行的所有 452 次情报、监视与侦察行动中，"全球鹰"无人机的任务完成率占 5%，为美军提供了"广泛的作战能力"。

13.3 当前各国军事机器人发展

13.3.1 美国

目前，美国军事机器人技术无论是在基础技术、系统开发、生产配套方面，还是在技术转化和实战应用经验上都处于世界超前领先地位。美国军事机器人开发与应用涵盖陆、海、空、天等各兵种，是世界唯一具有综合开发、试验和实战应用能力的国家。世界无人机的发展基本上是以美国为主线向前推进的，纵观无人机发展的历史，可以说现代战争是推动无人机发展的动力。而无人机对现代战争的影响也越来越大。第一次和第二次世界大战期间，尽管出现并使用了无人机，但由于技术水平低下，无人机并未发挥重大作用。朝鲜战争中美国使用了无人侦察机和攻击机，不过数量有限。在随后的越南战争、中东战争中，无人机已成为必不可少的武器系统。而在海湾战争、波黑战争及科索沃战争中，无人机更是一跃成为了主要的侦察机种。

1993 年 5 月，美国国防部公布了无人驾驶飞机 (UAV) 总体规划。其中的一部分就是发展一种全面、综合、有效的无人驾驶侦察机，使之成为空中平台，以满足 21 世纪作战的需要。2005 年 8 月，美国国防部发布了《无人机系统路线图 2005—2030》第三版，详细、全面地阐述了美国各种用途的无人机研制、作战使用情况，说明了美国对无人机的未来需求、技术实现途径、未来的发展规划和设想。

美军目前在研的新型军用无人机 X-47B 是世界上第一架无须人工干预、凭借机载计算机自主飞行，并能在航母上起降的隐身无人机。研发的初衷就是增强美国军队远程打击和侦察能力，降

图 13-13 美国新型军用无人机 X-47B

低作战飞机后勤保障，减少作战人员伤亡。

除空中无人机外，美国对地面、空间、水下等类型机器人同样展开研究并制订了相关的发展计划。

13.3.2 德国

在二战中，德国就研制了数千辆遥控无人自爆式坦克，这是无人战车的最早雏形。目前，德国正着力进行遥控车辆的技术研究，并重点研究用于装备方面的自主系统的图像分析及专家系统。德国在 20 世纪 80 年代中期就提出了要向高级的、带感知的智能型机器人转移的目标。经过多年的努力，其智能地面无人作战平台的研究和应用方面在世界上处于公认的领先地位。由德国联邦国防部和联邦国防技术与采购局共同制订的智能机动无人系统计划（PRIMUS）是德国正在实施的最重要的地面无人车辆项目。

图 13-14 德国战斗机器人

13.3.3 英国

英国开展地面无人作战平台研制的时间较长，早在 20 世纪 60 年代末英国 Hall Automation 公司研制出自己的机器人 RAMP。英国地面军事机器人的研究方针是，由遥控机器人走向自主机器人。

目前英国主要研究项目有："地雷探测、标识和处理计划"（MINDER）、"小猎犬"战斗工程牵引车（CET）和可突破壕沟、雷区等多种障碍物的未来工程坦克（FET）。

英国还参加了欧盟的一项合作研究，从事 AUTOSUB 方案的研究，旨在开发一个试验型 AUV（无缆水下机器人），该 AUV 被称为"海豚"（Dolphin），其工作深度为 6000 米，据称其续航力很长，能从英国航行到美国，并搜集海洋数据。此外，英国海军"未来型攻击潜艇"将携带非常具有代表性的"马林"水下无人艇。

13.3.4 以色列

以色列向来重视人员的生存能力，在有限的资源下，以色列很早就开始使用无人机。在无人自主车辆方面，以色列人同样独树一帜。

与美国计划发展的高度自主作战机器人的计划不同，以色列的计划显然更为务实。2006 年，以色列国防军进行了多项无人系统的作战测试，以执行自主安全和巡逻任务，保护以色列在约旦河西岸和加沙地带的安全。

以色列国防军正在测试多种自主研制的无人地面车辆，其中包括用于安全任务的自主导航机器人车辆和用于支持步兵城市作战的手携式机器人等。以色列航空制造公司的拉哈维（Lahav）工程部，正在研制一种用途十分广泛的名为"守护者"（Guardium）的军、民两用全自动安全系统。在控制中心的控制下，该车可连续地对机场、港口、军事基地、重要管线以及其他有全天候安全监视需求的场所执行巡逻任务。

图 13-15　以色列"Guardium"无人驾驶战斗机器人

13.3.5　日本

由于人口老龄化原因，日本长期一贯将机器人技术列入国家的研究计划和重大项目，军事机器人也是其中一个重要方向。日本自卫队已完成了一项机器人野战应用可行性的研究，制订了一项 10 年研究计划。计划分为近期、中期及长期三个阶段。近期计划的目标是开发探雷及排雷机器人；中期目标是使机器人在不平的地面行驶，并具有半自主控制能力；长期目标是推进特别研究。

13.3.6　中国

我国政府一直非常重视军事机器人技术的研究与开发，在很多发展规划与战略（《国家中长期科学和技术发展规划纲要（2006—2020）》《中华人民共和国国民经济和社会发展第十一个五年规划纲要》《国家"十一五"科学技术发展规划》《国家高技术研究计划（863）"十一五"发展纲要》《国务院关于加快振兴装备制造业的若干意见》和《"十一五"863 计划先进制造技术领域发展战略》）中都有体现，并在国家 863 计划、国家自然科学基金、国防科工委预研项目中予以重点支持。经过国家计划的实施，我国在军预研项目中对军事机器人予以重点支持。当今社会，我国在军事机器人技术方

图 13-16　我国"云影"无人机及操控台

面已取得了突破性的进展，缩短了同发达国家之间的差距。但在机器人核心及关键技术的原创性研究、高可靠性基础功能部件的批量生产应用等方面，同发达国家相比，我国仍存在差距。

13.4 了解军事机器人在战场中的特点

军事机器人具有可以代替士兵完成各种极限条件下特殊危险的军事任务的潜能，从而使得战争中绝大多数军人免遭伤害，所以，军事机器人的研发具有极为重要的现实意义。军事机器人的应用环境往往是很恶劣的，对于可靠的军事机器人，即使在恶劣的环境中，也可以顺利完成各种任务。因此军事机器人在设计研发支出就应考虑到以下几点。

（1）较高的智能优势。

（2）全方位、全天候的作战能力，在毒气、冲击波、热辐射袭击等极为恶劣的环境下，机器人仍可泰然处之。

（3）较强的战场生存能力。

（4）绝对服从命令听从指挥。

（5）较低的作战费用。

13.5 展望未来

随着计算机芯片的不断更新，计算机的信息存储密度已超过了人脑神经细胞的密度，军事机器人将会有较高的智能优势。此外，先进技术在机械系统、传感器、处理器、控制系统上的大量应用，将使军事机器人具备在指挥决策者通过控制系统对其下达指令后，即可迅速做出反应，并能完全自主地完成作战任务。

军事机器人的发展除了立足科学技术的发展，也一定是随着未来战争形势的变化而变化的，回顾近年来，从伊拉克战争到阿富汗战争，未来战争无人化、远程化的趋势已经特别明显了，未来战争是信息化的战争，未来军事机器人发展趋势也带着浓厚的信息化色彩。

其一，未来战争会是陆、海、空、天协同作战，军事机器人要在各军种分层次立体化发展。

其二，未来战争会是非对称作战，战术灵活多变，军事机器人一方面要微型化，以便适合于单兵使用，另一方面则要大型化，以便能携带足够多的任务载荷，适应多种战术需要。

其三，打赢未来战争就要争取"制信息权"，要求军事机器人具有信息优势，并能形成网络组成机器人作战群。

总之，随着机器人研究的不断深入、一种高智能、多功能、反应快、灵活性好、效率高的机器人群体，将逐步接管某些军人的战斗岗位。机器人成建制、有组织地走上战斗第一线已不是什么神话，一旦机器人在战场的应用成为现实，将是人类战争史的奇迹，也必将改变未来战争的模式。机器人大规模走上战争舞台，将带来军事科学的真正革命。

目前，美国的单兵装备已经非常发达，"大狗"机器人的研制技术也逐渐成熟，性能也比较稳定，他们每两年也会举办机器人挑战赛，由美国国防部赞助，全民都在搞军事机器人的研究。而中国的军事机器人还在起步阶段，地面无人作战系统刚刚从实验室走向实用化，由于技术上的约束也还没有走向产业化。针对国外大批机器人进入战场的现实，我国应该大力发展机器人技术，增强自主创新能力，在大国博弈的新领域——军事机器人技术——不落后。